中国中药资源大典
——中药材系列

中药材生产加工适宜技术丛书

中药材产业扶贫计划

国家出版基金项目
NATIONAL PUBLICATION FOUNDATION

秦艽生产加工适宜技术

总 主 编　黄璐琦

主　　编　蔡子平　晋　玲

副 主 编　王国祥　王宏霞

中国医药科技出版社

内容提要

《中药材生产加工适宜技术丛书》以全国第四次中药资源普查工作为抓手，系统整理我国中药材栽培加工的传统及特色技术，旨在科学指导、普及中药材种植及产地加工，规范中药材种植产业。本书为秦艽生产加工适宜技术，包括：概述、秦艽药用资源、秦艽栽培技术、秦艽药材质量评价、秦艽现代研究与应用等内容。本书适合中药种植户及中药材生产加工企业参考使用。

图书在版编目（CIP）数据

秦艽生产加工适宜技术 / 蔡子平，晋玲主编 . — 北京：中国医药科技出版社，2018.3

（中国中药资源大典 . 中药材系列 . 中药材生产加工适宜技术丛书）

ISBN 978-7-5067-9930-0

Ⅰ . ①秦… Ⅱ . ①蔡… ②晋… Ⅲ . ①秦艽—栽培技术 ②秦艽—中草药加工 Ⅳ . ① S567.23

中国版本图书馆 CIP 数据核字（2018）第 013703 号

美术编辑 陈君杞

版式设计 也 在

出版　中国医药科技出版社

地址　北京市海淀区文慧园北路甲 22 号

邮编　100082

电话　发行：010-62227427　邮购：010-62236938

网址　www.cmstp.com

规格　787×1092mm　$^1/_{16}$

印张　10

字数　87 千字

版次　2018 年 3 月第 1 版

印次　2018 年 3 月第 1 次印刷

印刷　北京盛通印刷股份有限公司

经销　全国各地新华书店

书号　ISBN 978-7-5067-9930-0

定价　32.00 元

中药材生产加工适宜技术丛书
—— 编委会 ——

总 主 编 黄璐琦

副 主 编 （按姓氏笔画排序）

王晓琴	王惠珍	韦荣昌	韦树根	左应梅	叩根来
白吉庆	吕惠珍	朱田田	乔永刚	刘根喜	闫敬来
江维克	李石清	李青苗	李旻辉	李晓琳	杨 野
杨天梅	杨太新	杨绍兵	杨美权	杨维泽	肖承鸿
吴 萍	张 美	张 强	张水寒	张亚玉	张金渝
张春红	张春椿	陈乃富	陈铁柱	陈清平	陈随清
范世明	范慧艳	周 涛	郑玉光	赵云生	赵军宁
胡 平	胡本详	俞 冰	袁 强	晋 玲	贾守宁
夏燕莉	郭兰萍	郭俊霞	葛淑俊	温春秀	谢晓亮
蔡子平	滕训辉	瞿显友			

编　　委 （按姓氏笔画排序）

王利丽	付金娥	刘大会	刘灵娣	刘峰华	刘爱朋
许 亮	严 辉	苏秀红	杜 弢	李 锋	李万明
李军茹	李效贤	李隆云	杨 光	杨晶凡	汪 娟
张 娜	张 婷	张小波	张水利	张顺捷	林树坤
周先建	赵 峰	胡忠庆	钟 灿	黄雪彦	彭 励
韩邦兴	程 蒙	谢 景	谢小龙	雷振宏	

学术秘书 程　蒙

本书编委会

主　编　蔡子平　晋　玲

副 主 编　王国祥　　王宏霞

编写人员　（按姓氏笔画排序）

石有太（甘肃省农业科学院生物技术研究所）

卢有媛（甘肃中医药大学）

朱田田（甘肃中医药大学）

米永伟（甘肃省农业科学院中药材研究所）

张亚娟（河西学院）

武伟国（甘肃省农业科学院中药材研究所）

魏莉霞（甘肃省农业科学院中药材研究所）

序

我国是最早开始药用植物人工栽培的国家，中药材使用栽培历史悠久。目前，中药材生产技术较为成熟的品种有200余种。我国劳动人民在长期实践中积累了丰富的中药种植管理经验，形成了一系列实用、有特色的栽培加工方法。这些源于民间、简单实用的中药材生产加工适宜技术，被药农广泛接受。这些技术多为实践中的有效经验，经过长期实践，兼具经济性和可操作性，也带有鲜明的地方特色，是中药资源发展的宝贵财富和有力支撑。

基层中药材生产加工适宜技术也存在技术水平、操作规范、生产效果参差不齐问题，研究基础也较薄弱；受限于信息渠道相对闭塞，技术交流和推广不广泛，效率和效益也不很高。这些问题导致许多中药材生产加工技术只在较小范围内使用，不利于价值发挥，也不利于技术提升。因此，中药材生产加工适宜技术的收集、汇总工作显得更加重要，并且需要搭建沟通、传播平台，引入科研力量，结合现代科学技术手段，开展适宜技术研究论证与开发升级，在此基础上进行推广，使其优势技术得到充分的发挥与应用。

《中药材生产加工适宜技术》系列丛书正是在这样的背景下组织编撰的。该书以我院中药资源中心专家为主体，他们以中药资源动态监测信息和技术服

务体系的工作为基础，编写整理了百余种常用大宗中药材的生产加工适宜技术。全书从中药材的种植、采收、加工等方面进行介绍，指导中药材生产，旨在促进中药资源的可持续发展，提高中药资源利用效率，保护生物多样性和生态环境，推进生态文明建设。

丛书的出版有利于促进中药种植技术的提升，对改善中药材的生产方式，促进中药资源产业发展，促进中药材规范化种植，提升中药材质量具有指导意义。本书适合中药栽培专业学生及基层药农阅读，也希望编写组广泛听取吸纳药农宝贵经验，不断丰富技术内容。

书将付梓，先睹为悦，谨以上言，以斯充序。

中国中医科学院 院长

中 国 工 程 院 院士　张伯礼

丁酉秋于东直门

总　前　言

中药材是中医药事业传承和发展的物质基础，是关系国计民生的战略性资源。中药材保护和发展得到了党中央、国务院的高度重视，一系列促进中药材发展的法律规划的颁布，如《中华人民共和国中医药法》的颁布，为野生资源保护和中药材规范化种植养殖提供了法律依据；《中医药发展战略规划纲要（2016—2030年）》提出推进"中药材规范化种植养殖"战略布局；《中药材保护和发展规划（2015—2020年）》对我国中药材资源保护和中药材产业发展进行了全面部署。

中药材生产和加工是中药产业发展的"第一关"，对保证中药供给和质量安全起着最为关键的作用。影响中药材质量的问题也最为复杂，存在种源、环境因子、种植技术、加工工艺等多个环节影响，是我国中医药管理的重点和难点。多数中药材规模化种植历史不超过30年，所积累的生产经验和研究资料严重不足。中药材科学种植还需要大量的研究和长期的实践。

中药材质量上存在特殊性，不能单纯考虑产量问题，不能简单复制农业经验。中药材生产必须强调道地药材，需要优良的品种遗传，特定的生态环境条件和适宜的栽培加工技术。为了推动中药材生产现代化，我与我的团队承担了

农业部现代农业产业技术体系"中药材产业技术体系"建设任务。结合国家中医药管理局建立的全国中药资源动态监测体系，致力于收集、整理中药材生产加工适宜技术。这些适宜技术限于信息沟通渠道闭塞，并未能得到很好的推广和应用。

本丛书在第四次全国中药资源普查试点工作的基础下，历时三年，从药用资源分布、栽培技术、特色适宜技术、药材质量、现代应用与研究五个方面系统收集、整理了近百个品种全国范围内二十年来的生产加工适宜技术。这些适宜技术多源于基层，简单实用、被老百姓广泛接受，且经过长期实践、能够充分利用土地或其他资源。一些适宜技术尤其适用于经济欠发达的偏远地区和生态脆弱区的中药材栽培，这些地方农民收入来源较少，适宜技术推广有助于该地区实现精准扶贫。一些适宜技术提供了中药材生产的机械化解决方案，或者解决珍稀濒危资源繁育问题，为中药资源绿色可持续发展提供技术支持。

本套丛书以品种分册，参与编写的作者均为第四次全国中药资源普查中各省中药原料质量监测和技术服务中心的主任或一线专家、具有丰富种植经验的中药农业专家。在编写过程中，专家们查阅大量文献资料结合普查及自身经验，几经会议讨论，数易其稿。书稿完成后，我们又组织药用植物专家、农学家对书中所涉及植物分类检索表、农业病虫害及用药等内容进行审核确定，最终形成《中药材生产加工适宜技术》系列丛书。

在此，感谢各承担单位和审稿专家严谨、认真的工作，使得本套丛书最终付梓。希望本套丛书的出版，能对正在进行中药农业生产的地区及从业人员，有一些切实的参考价值；对规范和建立统一的中药材种植、采收、加工及检验的质量标准有一点实际的推动。

2017年11月24日

前　言

秦艽始载于《神农本草经》，具有2000多年的药用历史，是我国重要的传统中药之一。秦艽具有祛风湿、清湿热、止痹痛等功效。《中国药典》（2015版一部）中规定的中药材秦艽为秦艽（ *Gentiana macrophylla* Pall. ）、麻花秦艽（ *Gentiana straminea* Maxim. ）、粗茎秦艽（ *Gentiana crassicaulis* Duthie et Burk.）或小秦艽（又称达乌里秦艽）（ *Gentiana dahurica* Fisch.）等四种植物的干燥根。

现代药理学研究表明，秦艽中含有以龙胆苦苷为代表的环烯醚萜苷类活性成分，龙胆苦苷对风湿性关节炎有显著的作用，还具有保肝、利胆、抗炎、抗过敏、抗菌、利尿、健胃、镇静镇痛、退热等作用，从而引起人们的普遍关注，药材使用范围不断扩大，市场需求量逐年增加，致使野生资源急剧下降，已被列入国家三级保护植物。秦艽的引种栽培和野生种驯化栽培是该药材资源保护、扩大、再生、持续利用的最有效手段。秦艽、粗茎秦艽、麻花秦艽、小秦艽是中药秦艽的主要来源，分布于甘肃、云南、四川、宁夏、青海等高海拔、阴湿贫困区，栽培秦艽对精准扶贫具有较大的促进作用。

为了解决秦艽药材的资源及市场供需矛盾，促进草原植被保护、民族地区

经济发展和农牧民脱贫致富，编者根据多年的研究成果和长期积累的秦艽人工驯化栽培经验编著此书，系统介绍了《中国药典》规定的秦艽药材的四种基源植物的本草考证、资源分布、人工栽培、采收和加工技术，同时，为了大家更进一步了解秦艽，本书还简要介绍了秦艽现代研究与应用。在编写方式上力求让广大阅读者看得懂、用的上，突出了科普性、技术行和适用性，目的在于最大限度的服务农民、服务农业。

本书中所提到部分栽培操作措施都会因地区、品种、生长时期的不同而有一定的差异，使用者应结合当地生产情况而应用。

本书编写过程中，主编蔡子平博士、晋玲教授承担内容设计、章节安排及统稿任务；晋玲教授、张亚娟副教授、卢有媛博士承担秦艽药用资源章节的编写任务；蔡子平博士、王宏霞助理研究员承担秦艽栽培技术章节的编写任务；王国祥副研究员、武伟国助理研究员承担秦艽药材质量评价章节的编写任务；朱田田副教授、石有太助理研究员承担秦艽现代研究与应用章节的编写任务；米永伟助理研究员、魏莉霞副研究员承担秦艽概述章节的编写任务并提供秦艽新品种照片。

本书部分内容来自于甘肃省农业科学院中药材资源与品种改良学团队建设项目（2017GAAS29）研究成果，在此表示感谢。由于引用参考文献数量限制，部分引用文献未添加到参考文献目录，在此对各位作者表示感谢；最后，感谢中国医药科技出版社为本书出版所给予的帮助与支持。

由于时间仓促，资料收集不甚全面，加之作者的水平有限，错误和不妥之处在所难免，敬请读者批注指正。

编者

2017年10月

目　录

第1章

概　述

秦艽是我国重要的传统中药之一，在我国具有2000多年的药用历史，始载于《神农本草经》，列为中品，具有祛风湿、清湿热、止痹痛等功效，临床上用于风湿痹痛、筋脉拘挛、骨节烦痛、日晡潮热和小儿疳积发热等症。

秦艽组（Sect. Cruciata Gaudin）药用植物隶属于龙胆科（Gentianaceae）龙胆属（Gentiana），全世界大概20种。《中国植物志》记载的龙胆科龙胆属秦艽组（Sect.Cruciata）植物共16个种和2个变种，分别为：秦艽（*G.macrophylla* Pall.），麻花秦艽（*G. straminea* Maxim）、粗茎秦艽（*G.crassicaulis* Duthie ex Burk.）、达乌里秦艽（*G. dahurica* Fisch.）、长梗秦艽（*G. waltonii* Burk.）、川西秦艽（*G. dendrology* Marq.）、管花秦艽（*G. sipho*nantha Maxim.）、黄管秦艽（*G.officinalis* H.）、天山秦艽（*G. tianshanica* Rupr）、中亚秦艽（*G. kaufmanniana* Regel et Mchmalh）、西藏秦艽（*G. tibetica* King ex Hook）、粗壮秦艽（*G. robusta* King ex Hook）、新疆秦艽（*G. walujewii* Regel et Schmalh）、纤茎秦艽（*G. tenuicaulis* Ling）、全萼秦艽（*G. lhassica* Burk.）、斜升秦艽（*G. decumbens* L.）、大花秦艽（*G. macrophylla* Pall. var *fetissowi*（Rgl.et winkl.）Maet K.C.Hsia）、钟花小秦艽（*G. dahurica* Fisch. var *campanulata* T. N.）。秦艽组植物主要分布于我国西北和西南地区，多生长在亚高山或高山草甸、山地草场、山地林草场，以及亚高山灌丛草场、亚高山或高山灌丛和林缘的阳坡等地。《中国药典》2015年版中规定的中药材秦艽为秦艽（*Gentiana macrophylla*

Pall.)、麻花秦艽（*Gentiana straminea* Maxim.)、粗茎秦艽（*Gentiana crassicaulis* Duthie et Burk.)或小秦艽（又称达乌里秦艽）（*Gentiana dahurica* Fisch.)四种植物的干燥根。

现代药理学研究表明，秦艽中含有以龙胆苦苷为代表的环烯醚萜苷类活性成分，龙胆苦苷对风湿性关节炎具有显著的作用，还具有保肝、利胆、抗炎、抗过敏、抗菌、利尿、健胃、镇静镇痛、退热等作用，从而引起人们的普遍关注，药材使用范围不断扩大，市场需求量逐年增加，致使野生资源急剧下降，已被列入国家三级保护植物。

秦艽生长区域海拔高，生长缓慢，4～5年才能长成药材入药，长期以来，在巨大的商业利益驱动下，秦艽遭到掠夺式乱采滥挖，野生资源被严重破坏，产量急剧下降，资源濒临枯竭，产区生态环境受到严重影响。秦艽的引种栽培和野生种驯化栽培已成为秦艽药材资源保护、扩大、再生、持续利用的最有效手段。秦艽、粗茎秦艽、麻花秦艽、小秦艽是中药秦艽的主要来源，分布于甘肃、云南、四川、宁夏、青海等高寒阴湿民族聚集区。近年来，大量学者通过艰辛努力，将秦艽这一野生植物驯化成功，并在甘肃、青海、云南等适宜区建立了生产基地，为保护秦艽药材资源并解决其市场供需矛盾，促进草原植被保护、民族地区经济发展和农牧民脱贫致富发挥着积极的作用。秦艽适宜栽培技术将为秦艽人工栽培生产基地建设提供良好的支撑作用。

第**2**章

秦艽药用资源

一、形态特征及分类检索

秦艽为龙胆科（*Gentianaceae*）龙胆属（*Gentiana*）秦艽组（Sect. Cruciata）植物秦艽（*Gentiana macrophylla* Pall.）、麻花秦艽（*Gentiana straminea* Maxim.）、粗茎秦艽（*Gentiana crassicaulis* Duthie et Burk.）或小秦艽（又称达乌里秦艽）（*Gentiana dahurica* Fisch.）四种植物的干燥根。

（一）植物形态特征

1. 秦艽

秦艽（*Gentiana macrophylla* Pall.），民间又称为鸡腿艽、左扭等（图2-1）。多年生草本，高20~60cm，基部包被枯存的纤维状叶鞘。根圆柱形，单一或多条扭结成一个圆柱形的根。茎丛生，四棱形，直立或斜升。基生叶莲座状，披针形或矩圆状披针形，长6~28cm，宽2~6cm，先端尖，基部渐狭，全缘，叶脉5~7条，叶柄宽，长3~5cm，包被于枯存的纤维状叶鞘中；茎生叶对生，稍小，基部连合，椭圆状披针形或狭椭圆形，长4.5~15cm，宽1.2~3.5cm，全缘，叶脉3~5条，无叶柄至叶柄长达4cm。聚伞花序，簇生茎端呈头状或生于上部叶腋呈轮状；花两性，辐射对称，无花梗；花萼筒状，膜质，黄绿色或有时带紫色，长3~9mm，一侧裂开呈佛焰苞状，萼齿小，锥形，4~5，稀1~3或缺；花冠筒部黄绿色，冠檐蓝色或蓝紫色，壶形，长1.8~2cm，先端5裂，裂片卵形或椭圆形,褶整齐,三角形;雄蕊5,着生于花冠筒中下部,与裂片互生,花丝线状钻形,花药矩圆形;子房上位,无柄,椭圆状披针形或狭椭圆形,花柱条形,枝头2裂,裂片矩圆形。蒴果内藏或先端外露,卵状椭圆形,长1.5~1.7cm。种子小,多数,红褐色,有光泽,矩圆形,长1.2~1.4mm,表面有细网纹,具丰富的胚乳。花期6~8月,果期8~10月。

图2-1 秦艽

2. 麻花秦艽

麻花秦艽(*Gentiana straminea* Maxim.),民间又称辫子艽(图2-2)。多年生草本,高10~35cm,全株光滑无毛,基部包裹于枯存的纤维状叶鞘。须根多数。扭结成一棕褐色、粗大的圆锥形根。茎3~5个丛生,黄绿色,近圆形,斜升。基生叶莲座状,宽披针形或卵状椭圆形,长6~20cm,宽0.8~4cm,先端渐尖,基部渐狭,叶脉3~5条,明显,叶柄宽,膜质,长2~4cm,包被于纤维状叶鞘中;茎生叶对生,条状披针形至条形,长2.5~8cm,宽0.5~1cm,两端

渐狭，向上部叶渐小，柄渐短。聚伞花序顶生和腋生，排列成疏松的花序；花

梗不等长；花两性，辐射对称；花萼筒状膜质黄绿色，一侧开裂呈佛焰苞状，

萼齿3～5，极小，不等长，钻形或齿形，稀条形；花冠黄绿色，喉部具绿色斑

点，裂片卵形或卵状三角形，先端钝，褶偏斜，三角形，先端钝，全缘或边缘

啮蚀形；雄蕊5，着生于冠筒中下部，与裂片互生，花丝钻形，花药狭矩圆形；

子房上位，披针形或条形，长12～20mm，柄长5～8mm，花柱短，柱头2裂。

蒴果内藏，狭椭圆形，长2.5～3cm。种子多数，深褐色，有光泽，狭矩圆形，

长1.1～1.3mm，表面具细网纹，有丰富的胚乳。花果期7～10月。

图2-2　麻花秦艽

3. 粗茎秦艽

粗茎秦艽（*Gentiana crassicaulis* Duthie et Burk.），民间又称萝卜艽、牛尾艽等（图2-3）。多年生草本，高30～40cm，全株光滑无毛，基部包被枯存的纤维状叶鞘。多条须根扭结成一个粗大的根。茎丛生，粗壮，斜升，近圆形，黄绿色或带紫红色。基生叶莲座状、卵状椭圆形或狭椭圆形，长12～20cm，宽4～6.5cm，先端钝或渐尖，基部钝，叶脉5～7条，明显；茎生叶对生，卵状椭圆形至卵状披针形，长6～16cm，宽3～5cm，先端钝，基部钝，叶脉3～5条，明显，愈向上部叶愈大，柄愈短，至最上部2～3对叶密集，包被花序。花多数，无花梗，聚伞花序，茎顶簇生，呈头状或腋生作轮状；花两性，辐射对称；花萼筒状膜质，长4～10mm，一侧开裂呈佛焰苞状，萼齿1～5个，甚小，锥形；花冠壶状，筒部黄白色，上部蓝紫色或深蓝色，内面有斑点，长2～2.2cm，裂片卵状三角形，长2.5～3.5mm，褶偏斜，三角形，长1～1.5mm，先端钝，边缘有不整齐的细齿；雄蕊5，着生于冠筒中部，与裂片互生，整齐，花丝钻形，花药狭矩圆形；子房上位，狭椭圆形，长8～10mm，花柱条形，柱头2裂，裂片矩圆形。蒴果内藏，椭圆形。种子小，多数，红褐色，有光泽，长圆形，长1.2～1.5mm，表面具细网纹，有丰富的胚乳。花果期6～10月。

图2-3　粗茎秦艽

4. 小秦艽（达乌里秦艽）

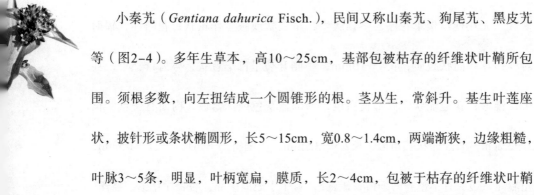

小秦艽（*Gentiana dahurica* Fisch.），民间又称山秦艽、狗尾艽、黑皮艽等（图2-4）。多年生草本，高10～25cm，基部包被枯存的纤维状叶鞘所包围。须根多数，向左扭结成一个圆锥形的根。茎丛生，常斜升。基生叶莲座状，披针形或条状椭圆形，长5～15cm，宽0.8～1.4cm，两端渐狭，边缘粗糙，叶脉3～5条，明显，叶柄宽扁，膜质，长2～4cm，包被于枯存的纤维状叶鞘中；茎生叶对生，少数，条状披针形至条形，长2～5cm，宽0.2～0.4cm，两端渐狭，边缘粗糙，叶脉1～3条，明显，叶柄长0.5～10cm，向上叶渐小，柄渐短。聚伞花序，顶生及腋生，排成疏松的花序；花梗斜伸，极不等长；花两性，辐射对称；花萼膜质，筒状，黄绿色或带紫红色，不裂，稀一侧浅裂，裂片5，大小不等，条形，绿色；花冠筒状钟形，深蓝色，有时喉部具多数黄色斑点，长3.5～4.5cm，裂片卵形成卵状椭圆形，钝尖，褶三角形或卵形，先端钝，全缘或边缘啮蚀形；雄蕊5，着生于冠筒中下部，与裂片互生，花丝条状钻形，花药短圆形；子房上位，无柄，披针形或条形，花柱短，柱头2裂。蒴果内藏，狭椭圆形，长2.5～3cm。种子多数，淡褐色，有光泽，矩圆形，长1.3～1.5mm，表面有细网纹，具丰富的胚乳。花果期7～9月。

图2-4　达乌里秦艽

（二）秦艽组植物检索表

多年生草本，根略肉质，须状，扭结或黏合成一个粗大，圆锥状或圆柱状的主根。植株基部被枯存的纤维状叶鞘包围。一年枝单轴分枝，具发达的莲座状叶丛。花大型或中型；褶整齐或偏斜。蒴果内藏；种子表面具细网纹，无翅。本组全世界约20种，我国有16个种和2个变种。

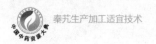

龙胆科秦艽属秦艽组植物检索表

1　聚伞花序顶生及腋生，排列成疏松的花序，稀为单花，花多少有花梗 ········· **2**

1　花多数，无梗，簇生枝顶呈头状或腋生呈轮状；无总花梗，稀从叶腋抽出1～2

条总花梗 ·· **9**

2　花萼筒一侧开裂呈佛焰苞状，裂片小，远短于萼筒 ······················· **3**

2　花萼筒不裂或一侧浅裂，筒状，裂片长，与萼筒等长或稍短 ············· **5**

3　花萼筒紫红色，裂片外反，5个，长6～8mm；种子一端具翅 ··········

·· **长梗秦艽*Gentiana waltonii* Burk.**

3　花萼筒黄绿色，裂片直立，1～5个，长0.5～1mm；种子无翅·········· **4**

4　花冠蓝紫色，筒状钟形，长3～3.5cm ···································

·· **斜升秦艽*Gentiana decumbens* L. f.**

4　花冠黄绿色，漏斗形，长（3）3.5～4.5cm·······························

·· **麻花秦艽*Gentiana straminea* Maxim.**

5　茎生叶宽，矩圆形或椭圆状披针形；花萼裂片也宽，狭椭圆形或倒披

针形，基部狭缩 ·· **6**

5　茎生叶狭，线状披针形或狭椭圆形；花萼裂片线形 ····················· **7**

6　茎光滑；花单生枝顶，稀2～3朵呈聚伞状；蒴果无柄·····················

·· **全萼秦艽*Gentiana lhassica* Burk.**

6　茎密生乳突；聚伞花序顶生及腋生，排列成疏松的花序，稀单花顶生；蒴果具

短柄 ……………………………………………………………… **纤茎秦艽**

7　蒴果无柄；根向左扭转 ………………… **小秦艽*Gentiana dahurica* Fisch.**

7　蒴果具明显的柄；根不扭转 ……………………………………… **8**

8　花冠浅蓝色，小，长3～3.5cm，褶明显深2裂 ………………………

…………………………………… **天山秦艽*Gentiana tianschanica* Rupr.**

8　花冠蓝紫色或深蓝色，大，长4～5cm，褶有不整齐细齿…………………

………………………… **中亚秦艽*Gentiana kaufmanniana* Regel et Schmalh.**

9　茎生叶并不比莲座状叶小，最上部叶大，卵状披针形，呈苞叶状包被头

状花序 ……………………………………………………………… **10**

9　茎生叶明显地比莲座状叶小，最上部叶小，不呈苞叶状，不包被头状花

序 ………………………………………………………………… **11**

10　花冠壶状，檐部深蓝色或蓝紫色，内面有斑点，小，长2～2.2cm …

………………………… **粗茎秦艽*Gentiana crassicaulis* Duthie ex Burk.**

10　花冠宽筒形，内面黄绿色，冠檐外面带紫褐色，较大，长（2.2）

2.6～2.8cm ………………… **西藏秦艽*Gentiana tibetica* King ex Hook. f.**

11　花冠黄绿色或淡黄色 ……………………………………… **12**

11　花冠蓝色或冠檐蓝色、蓝紫色 ………………………………… **15**

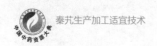
12 花萼筒状，不开裂，裂片长，线状披针形，长5～7mm；蒴果具明显的柄 ……
………………………………… 新疆秦艽*Gentiana walujewii* Regel et Schmalh.

12 花萼筒一侧开裂呈佛焰苞状，裂片小，齿形或丝状；蒴果近无柄 …………13

13 花萼长为花冠的1/4，萼筒先端截形或圆形，具极不明显的齿；花冠具蓝色
细条纹 ………………………… 黄管秦艽*Gentiana officinalis* H. Smith.

13 花萼长为花冠的1/2，萼筒先端钝，具明显的丝状裂片；花冠无异色条
纹 …………………………………………………………………14

14 莲座叶宽，卵状椭圆形；花冠筒状钟形。…………………………………
………………………… 粗壮秦艽 *Gentiana robusta* King ex Hook. f.

14 莲座叶狭，披针形；花冠筒形 ……………………………………………
………………………… 川西秦艽 *Gentiana dendrologi* H. Smith.

15 叶宽，卵状椭圆形或狭椭圆形；花冠壶状，长1.8～2cm；蒴果无柄
……………………………………… 秦艽*Gentiana macrophylla* Pall.

15 叶窄，线形至宽线形；花冠筒状钟形，长2.3～2.6cm；蒴果具明显的
柄 ………………… 管花秦艽*Gentiana siphonantha* Maxim. ex Kusnez.

（三）秦艽资源及常见混淆品、伪品

1. 秦艽资源常见混淆品

秦艽组植物在我国分布16个种和2个变种。随着秦艽药用价值不断地被发

现，市场的需求量逐年增加，野生资源由于过度采挖逐渐减少，人工栽培又发展较慢，造成秦艽商品市场品种混乱。一些《中国药典》2015年版未收载的地方习用品种被当作秦艽使用，并且在一定范围内使用是"合法"的，比如甘肃、河北等地大规模种植的黄管秦艽 *G.officinalis* H. Smith 以及主产四川西北部、青海、甘肃及宁夏西南部的管花秦艽 *G. siphonantha* Maxim.ex Kusnez. 也被用来代替秦艽使用。常见的秦艽正品及混淆品鉴别特征如下。

（1）秦艽　商品销售中常与粗茎秦艽称为萝卜艽或鸡腿艽，根呈类圆柱形，上粗下细，扭曲不直。长10～30cm，直径1～3cm。根头部数个根茎合生而膨大，茎基上带有叶鞘纤维。表面黄棕色或灰黄色，有纵向或扭曲的纵沟纹。质硬脆，易折断，断面柔润，皮部棕黄色，木部黄色。气特异，味苦，微涩。药材形态粗大单一，很少分枝，呈圆锥形和鸡腿形，表面灰黄色或棕黄色，习惯认为其质量最好。

（2）粗茎秦艽　商品销售中常与秦艽称为萝卜艽或鸡腿艽。粗茎秦艽根粗大，多为独根，较粗长，长圆锥形或类圆柱形，条直少扭绕，长20～30cm，上端直径1.5～3cm。表面黄棕色或灰黄色，皮细肉厚，根头周围有多数横纹，中部以下有纵向扭曲沟纹，少数根下部有时分为2～3枝。根顶端常有残存茎基及纤维状叶鞘维管束。质较坚实而硬脆，易折断；断面柔润，棕黄色，木质部与韧皮部之间有棕色环，木部黄白色。具特异香气，味苦微涩。由于产量高，适

宜大面积种植，也是秦艽常用品种。

（3）麻花秦艽　商品销售中常称为麻花艽。根略呈倒圆锥形，为多数支根交错缠绕成麻花状；表面棕褐色，粗糙，具多数旋转扭曲纹理；常为网状或麻花状交织分合，具裂隙；体轻而疏松，易折断，内部常有腐朽的空心，断面枯朽状，外部棕黄色至棕黑色，断面黄白色，气弱，味苦涩。

（4）小秦艽　商品销售中常称为达乌里秦艽。根略呈纺锤形或圆柱形，根头较细，分支多而纤细，主根1条或数条合生，中下部常分支，常呈扭曲状。长8～25cm，直径0.3～2cm。根头部残存的茎基有纤维状的残叶维管束，习称"毛"，故又称之为小毛艽。鲜根有黑褐色栓皮，干时栓皮剥落，表面黄棕色，有纵向沟纹，有时扭曲状。质轻松，易折断，断面黄白色。气特异，味苦涩。习惯认为其质量最差。麻花秦艽与小秦艽扭曲旋转的方向一致，均向左扭曲，故有"天下秦艽向左转"的民谚。

（5）管花秦艽　管花秦艽为甘肃习用品种之一，但未收录于《中国药典》2015年版。须根数条，向左扭结成一个较粗的圆柱形的根。管花秦艽的叶较秦艽窄，子房、果实有柄，可与其近缘种秦艽相区别。

2. 秦艽常见伪品

在《中国药典》2015年版未收载的地方习用品种被当作秦艽使用的同时，一些不法商贩也直接以外观形态与秦艽相似的伪品冒充秦艽使用，严重影响了秦艽的临床用药和患者的康复。秦艽常见伪品有以下几种。

（1）红秦艽　来源于唇形科植物甘西鼠尾草（*Salvia Przewlskii* Maxim.）或唇形科植物滇黄芩（*Scutellaria amoena* C. H. Wright var. *amoena*）的根及根茎。根呈圆锥形，顶端有单一或多个并列茎痕，其周有片状叶柄残痕。质松，主根上部明显，下部由数根纠集而成，扭曲交错成麻花状，长13～23cm，直径2～6cm，有纵沟纹，表面红褐色，栓皮脱落处可见木质部，维管束呈绞丝状，有纵向沟纹。断面疏松，易折断，断面多数呈黄色，气微，味淡微涩。常用来冒充麻花秦艽或秦艽。

（2）麻布七　来源于毛茛科植物高乌头（*Aconitum Sinomontanum* Nakai.）的干燥根。根呈类圆形或不规则形，稍扁而扭曲，有分枝，长短不一，直径1.5～4cm。表面棕色或棕褐色，有明显网状纹及裂隙。断面呈蜂窝状或中空，无气味，味苦，有毒性。

（3）大黑艽（牛扁）　来源于毛茛科植物牛扁（又名扁桃叶根）（*Aconitum barbatum* var. *puberulum* Leded.）或西伯利亚乌头（又名马尾大艽、黑秦艽）（*Aconitum barbatum* var. *hispidum* DC. Prodr.）的干燥根。根呈类圆锥形，顶端茎黑色，类圆柱形，四周被片状叶柄残基。主根头部单一而短，根头部由数个小根纠集合生而膨大略似麻花状，再下分离成细根，长10～30cm，直径较大，约5～8cm。表面颜色较深，呈黑褐色或棕褐色，有纵沟或裂隙，表皮易剥落，

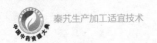

剥落处呈灰白色或黄白色。断面中心腐朽有黑色残渣，分枝皮部黑色，木心有淡黄色菊花纹，气微，味苦而麻，有毒性。

（4）白头翁　来源于毛茛科植物白头翁［*Pulsatilla chinensis*（Bunge）Regel］的干燥根。主根呈类圆柱形或圆锥形，稍扭曲，长6～15cm，直径0.5～5cm。表面黄棕色或棕褐色，具不规则纵皱纹或纵沟，皮部易脱落，露出黄色的木部，有的有网状裂纹或裂隙，近根头处常有朽状凹洞。根头部稍膨大，有白色绒毛，有的可见鞘状叶柄残基。质硬而脆，断面皮部黄白色或淡黄棕色，木部淡黄色。气微，味微苦涩。

秦艽药材来源较多，加上某些地区的习用品（如甘肃管花秦艽），使秦艽在鉴别上存在一定的困难。近年来，由于市场上秦艽药材紧缺，价格较贵，受利益所驱，出现非龙胆科植物药材冒充秦艽，功效与秦艽截然不同，尤其是来源于毛茛科植物的伪品黑大艽、麻布七、白头翁均有毒性，为了确保临床用药安全，在药品采购上务必严格把关，仔细鉴别，杜绝伪品流入市场。鉴别方法主要从性状上入手，通过秦艽与其伪品在外形、大小、切面、质地、气味上的不同，仔细加以区别。若从性状上难于区别还可辅以理化鉴别方法、薄层色谱法等现代方法进行鉴别。

二、生物习性

（一）生态特性

秦艽组植物喜潮湿和冷凉气候，耐寒，忌强光，怕积水，在气候冷凉、雨量较多、日照充足的高山地生长较多。生长在亚高山或高山草甸、山地草场、山地林草场，以及亚高山灌丛草场、亚高山或高山灌丛和林缘的阳坡。土壤以草甸土、荒漠土及砂质壤土多见。

秦艽（*Gentiana macrophylla* Pall.）是秦艽组植物分布最广的种，也是秦艽药材来源的主要种。野生于海拔1200～3000m的山坡草地、沟边路旁、河滩及林缘，秦艽对生态环境适应幅度较宽，喜生长在潮湿和冷凉的气候条件下，耐寒，忍强光，怕积水，对土壤条件要求不严，但在土壤较湿润、腐殖质较高的地方生长较好。秦艽种子具有休眠特性，人工栽培需要打破种子休眠。秦艽需土层深厚的红壤土、栗钙土或砂壤土，土地较平整不易积水；pH呈中性或微碱性；有机质含量≥1.0%，全氮≥1.0g/kg，碱解氮≥100mg/kg，速效磷≥20mg/kg，速效钾≥100mg/kg；年均温度4～6℃，极端高温<30℃，极端低温>-30℃，≥10℃的活动积温1900℃以上；年降雨量300～700mm，空气相对湿度较大。传统认为秦艽药材基原植物秦艽（*Gentiana macrophylla* Pall.）质量最佳，是目前甘肃省种植面积较大的品种。

麻花秦艽（*Gentiana straminea* Maxim.）野生资源分布于海拔2000～4000m的高山草甸、河滩、灌丛、林下及林间空地。麻花秦艽野生资源分布海拔跨度大，人工栽培要求土壤呈中性或偏碱性，腐殖质较多，土层深厚、土质疏松、肥沃、湿润而不积水，富含腐殖质的山坡草地或半阴半阳的坡地；极端高温＜30℃，极端低温＞-30℃，≥10℃的活动积温2000℃以上；年降雨量300～750mm，空气相对较大。土壤中各项重金属含量和农药残留量指标应符合 GB15618-1995土壤质量标准二级标准。

粗茎秦艽（*Gentiana crassicaulis* Duthie et Burk.）野生资源分布于海拔2700～3800m的高山草甸、公路边、山坡草地及林缘。粗茎秦艽性喜冷凉，种子在温度达到15～20℃，地温14～18℃时萌发，生长时需充足日照，生长于滇西北的寒温带及温带地区。生长区域年均温度4～6℃，极端高温＜27℃，极端低温＞-15℃，≥10℃的活动积温1900～3200℃以上；要求水分充足，年降雨量700～1500mm，空气湿度在60%～85%之间。

小秦艽（*Gentiana dahurica* Fisch.）野生资源分布于生海拔1500～3500m的山坡草地、田边、路旁、河滩及砂质荒地。最适生长温度为20～25℃，耐寒性较强，最低能耐受-20℃以下的低温。适宜生长于土层深厚、土壤肥沃、排水良好的坡地或平地，土壤呈中性或偏碱性，不适宜生长于黏胶土、板结的黄泥土或低注的沼泽地。种子细小，同一果序上种子成熟程度不一，外表有一层角质层，育苗时需要种子催芽处理提高种子发芽率和发芽整齐度。小秦艽种子适宜萌发温度为18～23℃，土壤温度为17～20℃，土壤湿度在30%～50%。

（二）生长发育习性

秦艽组植物为多年生草本植物，每年冬季枯黄，次年春季萌发。人工栽培多在海拔1700～3500m之间的山坡与山地。人工栽培的秦艽成药周期为3～4年，育苗期8个月至1年，种植期2～4年。现采用温室或小工棚等措施育苗，通过地膜覆盖栽培技术将生长周期缩短到2～3年。秦艽生育周期为2年，第一年为育苗生长阶段，4月上旬播种，出苗时间约为30～40天，6月上旬长出第一对真叶，7月下旬长出第二对真叶，植株不开花结果；第二年有部分植株抽薹开花结果，结果率高低主要取决于植株的营养状况、生长状况及移栽时种苗的大小。抽薹开花植株一般在5月中旬开始抽薹，6月中旬现蕾，花期从6月下旬持续到8月中旬，此后花开始枯萎，种子开始成熟，由浅褐色转变为深褐色，植株枯萎倒苗，完成一个生育周期。根据秦艽物种的种类和生长海拔的不同，秦艽物候期有所提前或延后。

秦艽种子细小，同一果序上成熟程度不一，外表有一层角质层不易透水，同时，秦艽种子还具有休眠特性，这些都决定了秦艽种子繁育技术比较困难。用种子繁殖时应严格按照种子选择、种子处理与催芽程序进行；秦艽种子属于中温萌发型，发芽最适宜温度为20℃，高温或低温都有抑制作用，在5～6月气

温达18～23℃，地温在17～20℃，土壤湿度在30%～50%时开始萌发。

秦艽作为药材收获时需要3～4年方可采挖，在一个生长期内的变化趋势符合"S型曲线"，每年4～7月是其快速生长期，应加强田间管理。人工种植的秦艽在播种后第四年产量增长幅度最大，第四年9月后根干重基本稳定，生产上在秦艽播种后第四年9月后进行采收。

（三）种子生物学特性

1. 种子形态特征

粗茎秦艽种子颜色较深，红褐色，呈矩圆形，有光泽；种子长1.40mm±0.06mm，宽0.57mm±0.06mm，长宽比2.45，千粒重在4种秦艽中最重，为0.352g±0.015g；种子表皮具条形网状纹，网纹清晰，网壁宽，网胞为四边形，有少数为不规则形状，网眼很浅，网纹沟长约0.226μm±0.019μm；种脐位于种子基部的尖端，下陷成圆形，断面为网状，边缘较整齐，中央微凸，有脑状物突起，种脐内径0.260μm±0.024μm。胚较小，心形，子叶发育不完全（图2-5A、图2-6A、图2-7A）。

秦艽种子颜色为淡褐色或红褐色，呈矩圆形或者狭矩圆形，有光泽，种子长1.34mm±0.13mm，宽0.42mm±0.04mm，长宽比为3.16，千粒重为0.137g±0.004g；种子表皮具条形网状纹，网纹凸出成脊，脊之间凹陷成网纹，网纹条形，网纹清晰，网壁较宽，网胞为四边形，较规则，网眼较深，多狭长形。秦艽种皮的网纹沟约0.298μm±0.040μm，网沟比粗茎秦艽、麻花秦艽、达乌里秦艽种皮网沟长；种脐位于种子基部的尖端，下陷为近似圆形，断面为模糊网状，边缘不整齐，中央微凹，有深网眼；种脐内径0.180μm±0.027μm（图2-5B、图2-6B、图2-7B）。

麻花秦艽种子颜色为棕褐色，个别呈红褐色；种子外形为矩圆形或者狭矩圆形，有光泽，种子长1.22mm±0.17mm，宽0.52mm±0.04mm，长宽比2.35，千粒重0.172g±0.002g；种子表皮呈条形网状纹饰，网纹清晰，网壁较窄，网胞为四边形或者五边形，网眼深，网纹沟长约0.237μm±0.010μm；种脐位于种子基部的尖端，种脐断面网状，边缘较整齐，中央下凹，种脐内径0.221μm±0.023μm（图2-5C、图2-6C、图2-7C）。

小秦艽种子呈淡褐色，矩圆形或狭矩圆形，有光泽。种子长1.46mm±0.08mm，在四种秦艽种子中最长，种子宽0.40mm±0.08mm，长宽比为3.71，千粒重0.090g±0.010g；种子表皮呈条形网状纹饰，网纹清晰，网壁较宽，网眼很深，网纹沟长0.230μm±0.027μm；种脐位于种子基部的尖端；种脐断面网状，边缘不整齐，中央下凹，有深网眼，种脐内径0.247μm±0.049μm。可见，种子与生态适应性关系紧密，小秦艽种子小，便于风力传播；种子表皮凹凸不平并且网眼深，有利于保持水分（图2-5D、图2-6D、图2-7D）。

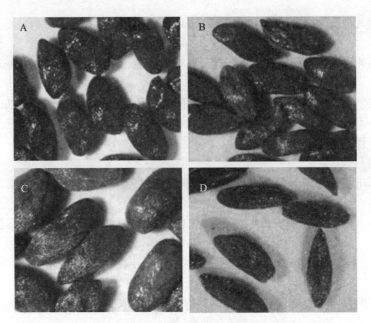

图2-5 4种秦艽外部形态

A.粗茎秦艽；B.秦艽；C.麻花秦艽；D.小秦艽

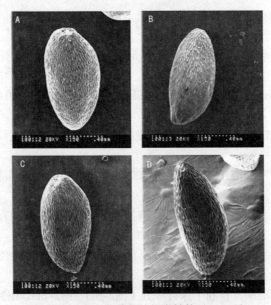

图2-6 4种秦艽种子的超微结构（×150）

A.粗茎秦艽；B.秦艽；C.麻花秦艽；D.小秦艽

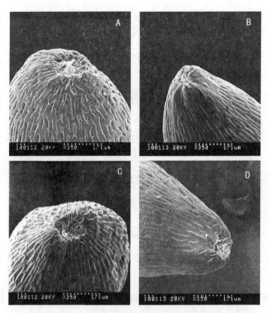

图2-7　4种秦艽种脐的超微结构（×350）
A.粗茎秦艽；B.秦艽；C.麻花秦艽；D.小秦艽

2. 种子萌发特性

（1）秦艽种子萌发特性　　秦艽种子属于"细粒种子"，萌发的基础温度为

6.88℃，最适温度为20～25℃，低于10℃或超过30℃都会抑制秦艽种子的发芽，

秦艽种子达到50%累积萌发率所需的积温值为每天261.04℃±1.54℃。光照是

影响种子发芽的又一重要因素，秦艽种子属于光敏型小粒种子，腾红梅等发现

暗培养有利于秦艽种子的萌发，而牛晓雪等发现采用光暗交替的培养条件能提

高秦艽种子的发芽率。李鑫鑫等研究表明，秦艽新种子活力较高，自然萌发率

接近40%；种子干燥后赤霉素对其萌发具有促进作用，200mg/L的赤霉素处理

后秦艽种子具有较高的发芽势和发芽率。林丽等用浓硫酸浸泡秦艽种子3分钟，

发现能明显提高秦艽种子的发芽率。彭云霞研究表明,秦艽开花后21天采收其萌发率最高;通过对秦艽干种子和鲜种子不同发芽床进行研究,结果表明秦艽鲜种子和干种子在砂床的发芽率、发芽势均高于纸床,鲜种子砂床发芽率最高。种子风干后发芽率、发芽势都显著降低。纸床和砂床对秦艽种子发芽势无显著影响。因此,生产上用鲜种子进行播种育苗较好;如种子需保存则在零下低温保存。

秦艽种子对盐有一定的耐受性,种子的发芽率与盐浓度之间呈显著的负相关,低浓度的NaCl(≤50mmol/L)促进种子萌发,高浓度的NaCl(≥150mmol/L)抑制种子萌发。孙利军等研究表明,不同浓度的钕溶液对秦艽种子萌发都具有促进作用。6mg/L的钕溶液培养的秦艽种子,种子发芽势和发芽率最高,发芽势与发芽率达到60%和89%,比对照组分别高25%和26%,且芽苗长势好;牛蒡寡糖溶液对秦艽种子萌发的影响表现为高浓度抑制,低浓度促进。3g/L牛蒡寡糖溶液对秦艽种子萌发促进作用强,发芽率达到87.5%,比对照组高22%,芽苗长势好。杨海婧等研究表明,不同农作物茎叶阴干浸提液对秦艽种子萌发影响较显著,浸提液浓度越高,秦艽种子发芽率越低。油菜提取液处理的秦艽种子发芽率和根长最低,蚕豆次之,小麦最高。小麦根系分泌物对秦艽种子发芽有一定的促进作用,蚕豆根系分泌物对秦艽种子发芽有较弱的抑制作用,油菜根系分泌物对秦艽种子发芽有较强的抑制作用。因此,在生产中秦艽育苗时应对前茬作物的茎叶等进行捡拾。

秦艽种子萌发初期，胚根发育缓慢（根端滞育），在下胚轴和胚根之间出现的环形结构以及其上着生的毛与一些水生植物和陆生植物相似，应该称为根环和下胚轴毛。苗端发育相对停滞，约半月后真叶才开始出现。种苗越冬前形成带7~8个真叶的莲座状叶丛，胚根产生分枝形成直根系。

（2）粗茎秦艽种子萌发特性　粗茎秦艽种子体积很小，野生粗茎秦艽种子发芽率高于其他半野生及栽培样品的发芽率。王馨等研究表明，在20℃发芽条件下，粗茎秦艽种子自然发芽率仅为40%左右，在不经预处理的情况下，第16天首次发芽，第24天结束，发芽持续8天，第16~20天为发芽高峰期。采用20℃温水浸种后，发芽集中，发芽率较高；用50mg/L赤霉素浸种溶液浸种8小时，粗茎秦艽种子发芽持续时间较短，发芽率较高，在人工栽培过程中是一种经济高效且便于农户实施的措施。

（3）麻花秦艽种子萌发特性　李兵兵研究表明，麻花秦艽种子的种皮透水性良好，能使种胚快速的吸收到足够的水分。在20℃条件下，吸水率随浸种时间的延长呈抛物线性变化，吸水过程符合Logistic曲线方程。麻花种子浸水立即吸胀，浸种2.48小时吸水速度最快，为急剧吸水期；浸种5.58小时后吸胀高峰结束，种子进入稳定吸水期；至浸种7.72小时后吸胀结束进入吸水饱和期，最大吸水速率为25.37g/h。麻花秦艽种子可能存在内源抑制物质，种子粗提物对

小麦、白菜种子萌发及幼苗生长均有明显抑制作用，但未干扰小麦叶片叶绿素的合成。赤霉素可能导致种子内源抑制物的增加，而高锰酸钾可清除麻花秦艽种子内源抑制物。

麻花秦艽种子属于光敏型小粒种子，具有休眠特性。赤霉素处理能显著提高发芽率，赤霉素处理麻花秦艽种子的最佳浓度为500mg/L；光照对赤霉素处理的麻花秦艽种子具有抑制作用；高锰酸钾对麻花秦艽种子萌发有促进作用，光照对高锰酸钾处理的种子萌发有加强作用，1.5%的高锰酸钾处理麻花秦艽种子，光照培养发芽率达90%。

（4）小秦艽种子萌发特性　小秦艽种子千粒重、饱满度、发芽势、发芽率等指标随着栽培年限的延长，呈增加趋势。小秦艽种子萌发较适温度为18～25℃，温度低于10℃或高于30℃都会抑制其发芽；4年生小秦艽植株所结种子发芽率、饱满度、发芽势、千粒重均高于3年生植株，鉴于此，为提高小秦艽种子发芽率，在生产中建议选择3年以上植株进行采种。

3. 秦艽开花生物学特性

秦艽花期为6月初至7月下旬，盛花期为6月中旬至7月中旬，果期8～9月，单花花期6～7天。秦艽花朵直径1.15～1.58cm，每天上午8:00开始开花，10:00～14:00开花最多。开花当天，花药紧紧包于柱头之上，黄色，开始散粉，进入雄性阶段。此时花药高于柱头，柱头未张开。花粉散尽时花药分离，向外弯曲直到贴在花冠壁上；同时柱头伸长，点状，淡黄绿色，高度高于花药或等高。秦艽一般在早晨9点至下午4点大量开花，之后随着光照强度减弱，花冠又逐渐闭合，夜间花完全闭合，第2天上午9点阳光照射时又裂开。秦艽在开花的第3天或第4天中午12:00～14:00柱头二裂，白色，进入雌性阶段。授粉后，柱头变黄色，子房开始膨大。开花的第6天或第7天花冠闭合，直到种子成熟都不再张开。在阴天或雨天，气温比较低的情况下发现秦艽花具有明显的花冠闭合现象，天气转晴后花冠陆续张开。

秦艽开花时其花药已经成熟，有雄蕊先熟现象，开花后第3～4天其柱头才具有可授性；雌雄器官不仅在时间上分离而且在空间上也分离，绝大多数的秦艽柱头较花药高；秦艽花的柱头从花开到柱头二裂前，柱头不具有可授性。秦艽花的柱头完全二裂后柱头可授性最佳，之后，柱头的过氧化物酶活性减弱，可授性降低。但是直到花冠闭合，秦艽花的柱头仍能维持其可授性直至花冠闭合。秦艽的花粉活力开花当天在80.5%以上，第2、3天其花粉活力逐渐下降，维持在60%～70%，第4、5天花粉活力下降到60%以下。秦艽的杂交指数（OCI）≥4，其传粉系统为异交亲和，自交亲和，单花结实必须依赖传粉者；秦艽花上访花昆虫分别属于膜翅目、双翅目、鳞翅目、直翅目、鞘翅目、半翅目、脉翅目和革翅目等，主要是一些蜂类、菜粉蝶、食蚜蝇、蚂蚁、蜘蛛、草蛉、瓢虫、罗蝇、螽蟖、象甲、花金龟、螽斯、蟀、叶甲和蝗虫等；

秦艽访花昆虫访花时间集中在11:00～16:00，其余时间访花昆虫较少。遇阴雨天访花昆虫明显减少。秦艽自然结实率为80.0%。秦艽的花由茎端向下依次开放，同一茎端的花期可相差1～1.5个月，即顶端已形成种子，而下面的还处于开花期。

麻花秦艽通常在6月底7月初开始显蕾，大约经过7天显蕾期基本结束，7月上旬开始开花，花期约30天。花序上的顶花先开放，其余花的开放则没有固定的顺序，整个花序开放的时间大约5～8天。秦艽花蕾大小和雌雄蕊发育具有稳定的相关性，发育早期雄蕊的发育总是先于雌蕊，而到最后同步成熟。开花时，可见花药紧紧包围在柱头上，2天后，花药开裂，开始授粉，3～4天后，花药中花粉散尽，呈黄色而枯干，开花完毕。秦艽中有50%的花，花药一直不高出于柱头，不能正常授粉，这种花很早就枯死。麻花秦艽在开花过程中具有雌雄异熟和异位花相结合的特征，可以完全避免自花传粉，青藏高原东部青海海北居群的麻花秦艽无融合生殖和自花授粉均不结实。麻花秦艽种子鲜重在开花后第34天达到最大，随后迅速下降，至灌浆末期接近干重的水平。籽粒干重的变化趋势呈"S"型曲线，符合Logistic方程，快增期在开花后13～34天，开花后60天灌浆基本结束。灌浆速率呈"慢-快-慢"规律，随着开花后时间的延长，籽粒脱水速率随灌浆进程的递进而持续加快，含水量先上升后稳定下降。种子发芽率在花后43天达到较高水平。种子发芽质量指标与千粒干重和灌浆持续期均呈极显著正相关，与脱水速率呈显著正相关，而与种子含水量呈极显著负相关。种子在开花后52～55天（9月上中旬），种果欲开裂，种子含水率在10%左右时分批采用布袋或尼龙袋采收。

麻花秦艽必须依赖昆虫完成其传粉。麻花秦艽花开放顺序没有规律，花序结构松散，而且传粉昆虫在一个植株上的连续访问不能避免同株异花间的自花传粉。传粉昆虫主要是蜂类、蝇类和蚁类，但其种类和数量较少，传粉效率较低，苏氏熊蜂是麻花秦艽自交亲和稳定而有效的传粉者。单株的坐果率在47.06%～81.58%之间，平均坐果率为68.65%，结籽率在73.4%～106.5%（种子数/果实数），平均结籽率为89.2%（种子数/果实数）。麻花秦艽不存在营养繁殖现象，有性繁殖是种群维持和更新的唯一方式。

4. 种子贮藏特性

秦艽种子为短命型，自然条件下贮存1年后萌发率降低到2%；零下的低温可以延长秦艽种子寿命，贮藏温度越低，萌发率降低越慢，同时随着萌发率的降低，种子的发芽势也随之下降。零下低温贮藏1年的种子萌发率达到70%左右，在0～5℃的条件下保存3年的种子萌发率明显下降。因此，在生产过程中，秦艽种植需要用当年新种子进行育苗或直播，常温不宜进行种子贮藏，种子应在低温干燥条件下贮藏。

三、地理分布

秦艽组植物喜潮湿和冷凉气候，耐寒，忌强光，怕积水，多生长在亚高山或高山草甸、山地草场、山地林草场，以及亚高山灌丛草场、亚高山或高山灌丛和林缘的阳坡。土壤以草甸土、荒漠土及砂质壤土多见。秦艽在我国的分布，北自大兴安岭，经内蒙古草原，沿祁连山北麓至天山一线，东界太行山脉，向南到云贵高原西北，西达青藏高原东部。从资源分布的常见度来看，黄土高原及青藏高原东缘是我国秦艽资源分布中心。秦艽分布与海拔和纬度有一定的相关性（图2-8），随着海拔升高纬度有所降低，在高海拔地区分布广泛，在低海拔地区没有分布，与纬度变化关系不甚密切。

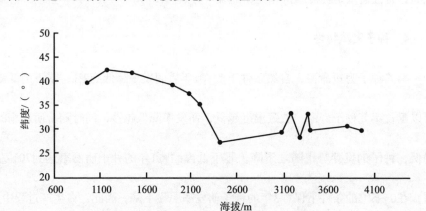

图2-8　秦艽在我国分布的地理纬度及海拔

（一）秦艽资源分布

秦艽（*Gentiana macrophylla* Pall.）是秦艽组植物分布最广的种，也是秦艽药材来源的主要种。黄土高原及青藏高原东缘是秦艽资源的分布中心，位于该区的甘肃、陕西、四川、山西等省是秦艽的主要产区，野生资源多生长于河滩、路旁、水沟边、山坡草地、草甸林下及林缘。在甘肃省，秦艽主要分布于陇东、陇中黄土高原地带，主产于甘肃庆阳的环县、华池、正宁、镇原，平凉的庄浪、华亭，天水的秦州区、清水，临夏的东乡、积石山等地；在陕西省，秦艽主产于陕北的富县、吴旗、志丹、麟游、靖边以及关中的陇县、太白和凤县，另外在陕西省的黄龙、黄陵、洛川、宜川和甘泉等地亦有分布；在祁连山区，秦艽主要分布在亚高山和高山草甸、山地草场、山地林草场以及亚高山和高山灌丛中；在宁夏，秦艽主要分布于六盘山及其周边盐池、西吉、德隆、葫芦河、罗山、南华山以及贺兰山等山区，多生长于海拔2000～2900m的山坡草地及林缘；在新疆地区，秦艽主要分布于和静、温泉、察布查尔、木垒、奇台、埠康等地。秦艽生态环境适应幅度较宽，喜生长在潮湿和冷凉的气候条件下，耐寒，耐强光，怕积水，对土壤条件要求不严，但在土壤较湿润、腐殖质较高的地方生长较好。

（二）麻花秦艽资源分布

麻花秦艽（*Gentiana straminea* Maxim.）主要集中分布于我国的西北地区，

主要分布在青海、甘肃、四川、西藏等海拔2000～4500m的高山草甸中。青海省主要在通天河、清水河、镶谦、结古镇、甘德、上贡麻、浩门农场、班玛、乐都、玉树、大通、贵南、湟中、湟源、互助等地区；甘肃省主要分布在民乐、山丹、榆中、永登、天祝、古浪、舟曲、迭部、夏河、玛曲、卓尼、临潭、漳县、岷县等地区；宁夏省的南华山；四川省的茂县、马尔康、若尔盖以及新疆的博州等地均有分布。

（三）粗茎秦艽资源分布

粗茎秦艽（*Gentiana crassicaulis* Duthie et Burk.）分布在我国西南地区，如四川、贵州、云南、西藏等海拔2700～3800m的高山草甸及山坡条木林缘中。云南的大理、丽江、迪庆、昭通、怒江；贵州的威宁、盘县、水城、赫章、雷山；四川的理塘、若尔盖；西藏的左贡、芒康、波密、邦达；甘肃的碌曲、夏河等地也有少量分布。

（四）小秦艽资源分布

小秦艽（*Gentiana dahurica* Fisch.）在我国分布的范围也比较广泛，与秦艽相比，仅东北和云南地区没有分布，其余秦艽分布区均有小秦艽分布。小秦艽分布区海拔较秦艽分布区低一点，小秦艽主要在海拔1100～3500m的山坡林下或草丛中。宁夏的南华山、六盘山、贺兰山、香山、罗山、固原、盐池、西吉；陕西的定边、吴旗、陇县；甘肃的古浪、临潭、舟曲、天祝、卓尼、武威、古浪、山丹、景泰；新疆的阿勒泰至富蕴、塔城、玛纳斯湖、伊犁、清河、尼勒克、特克斯、乌苏至奇台、巴里坤、和田、阿克苏至库尔勒、帕米尔努尔巴衣；内蒙古的赤峰、西林郭勒盟、石拐、乌兰查布盟、巴彦淖尔盟；山西的五台、广灵、天镇、灵丘、浑源、山阴、临县以及河北的涞源等地均有分布。

四、生态适宜性分布区域与适宜种植区域

李时珍曰："秦艽出秦中，以根作罗绞交纤者佳"。《药物出产辨》载："以陕西省汉中府产者为正地道"。现今，秦艽的主产地除内蒙古、甘肃外，也向青海等地转移。其产地分布与该产区生态环境条件即生态适宜性相关，且生态环境条件也会影响该药材品质。

（一）传统调查研究

1. 秦艽

秦艽多生长于中山、高山草甸、草丛与潮湿林缘、沟边，生态环境适应幅度较宽，一般多生长于海拔1000～4000m的地区，广泛分布于东北、华北、西北各省、区。秦艽在甘肃省分布于庆阳、平凉、天水、陇南、定西、兰州、甘南及临夏，主产于庆阳环县、华池、正宁等县，平凉庄浪、华亭，天水北道、清水，陇南康县、西和、礼县，临夏州东乡、积石山、临夏等县及定西地区。

在祁连山区，秦艽主要分布在海拔1450～3000m的山区，多生长于亚高山或高山草甸、山地草场、山地林草场及亚高山或高山灌丛，土壤以草甸土、荒漠土及砂质壤土为多见。在宁夏，秦艽主产于六盘山、南华山和罗山，多生长于海拔2000～2900m的山坡草地及林缘。秦艽自然分布区属六盘山阴湿山区，年平均太阳能辐射5450.97MJ/m²，7月份平均太阳能辐射582.18MJ/m²；年平均日照时数2444.9小时，7月份平均日照时数210.2小时；年平均气温1.0℃，最热月（7月份）平均气温11.8℃，最冷月（1月份）平均气温–10.3℃，≥10℃积温453.4℃，年平均降水量676.9mm，土壤以腐殖质的草甸土、荒漠土及砂质壤土为主。

2. 麻花秦艽

麻花秦艽生长于高山草甸、灌丛、林下、林间空地、山沟、多石子山坡及河滩等地，海拔2000～4950m，产于西藏、四川、青海、甘肃、宁夏及湖北西部。麻花秦艽在甘肃省分布于酒泉、张掖、武威、兰州及甘南，主产于甘南舟曲、卓尼、临潭，张掖、山丹，武威、天祝及兰州永登。在祁连山区，麻花秦艽主要分布于海拔2000～4500m的高山草甸。在宁夏，麻花秦艽多产于南华山，生长于海拔2500m左右的山坡草地。

3. 粗茎秦艽

粗茎秦艽生长于山坡草地、山坡路旁、高山草甸、荒地、灌丛中、林下及林缘，海拔2100～4500m，产于西藏东南部、云南、四川、贵州西北部、青海东南部、甘肃南部，云南丽江有栽培。

4. 小秦艽

小秦艽多生长于田边、路旁、河滩、湖边沙地、水沟边、向阳山坡及草原等地，海拔870～4500m，产于四川北部及西北部、西北、华北、东北等地区。小秦艽在甘肃省分布于张掖、武威及甘南，主产于张掖，武威、古浪、天祝，甘南舟曲、卓尼。在祁连山区，小秦艽主要分布在海拔1500～3500m的山林坡下或草丛中。在宁夏，小秦艽主产于六盘山、南华山和罗山，多生长于海拔2000～2900m的山坡草地及林缘。

5. 秦艽药材

《中国中药区划》一书中记载，秦艽分布于四川、青海、甘肃、西藏、云南、河北、河南、内蒙古、陕西、宁夏、新疆等省（市、区）200多个县。根据秦艽对自然条件的要求及资源开发利用状况，其生产适宜区可分为以下三片。

（1）东北片　为内蒙古察哈尔右中、察哈尔右后、卓资、霍林敦勒、扎鲁特、林西、鄂伦春、赤峰、额尔古纳右、巴林左、正蓝、多伦、固阳；河北的阳原、张北、涞源、涿鹿、蔚县、围场等地。

（2）西南片　宁夏的同仁、中卫、泾源、隆德、盐池；陕西的志丹、吴旗、

凤县；甘肃的临夏、舟曲、漳县、岷县、迭部、卓尼、碌曲、夏河、玛曲、天

祝等地；青海的互助、民和、循化、尖扎、刚察、同仁、甘德、达日、泽库、

兴海、湟源、祁连、海晏、门源、同德、久治、共和、玉树、囊谦、杂多等地；

四川的壤塘、若尔盖、色达、石渠、德格、阿坝、马尔康、金川、白玉、甘孜、

松潘等地；西藏的江达、昌都、贡觉、芒康、左贡、丁青、巴青等地。

（3）新疆片　包括吉木萨尔、昭苏、新源、玛纳斯、和硕、阜康、奇台、

察尔查儿、木垒、温泉、和静等地。

（二）生态适宜性及适宜种植区预测

随着科学技术的发展及多学科的交叉融合，对秦艽生态适宜性及适宜种植

区域的研究已不再局限于传统的调查研究方法。

1. 秦艽生态适宜性及适宜种植区域

陈士林等基于9个省（区）、24个县（市）、38个乡（镇）的347个秦艽样

点，采用中药材产地适宜性分析地理信息系统（TCMGIS），分析秦艽的生态适

宜性。根据GIS空间分析法得到秦艽主要生长区域的生态因子范围为：≥10℃

积温310.0～4122.7℃；年平均气温6.7～18.9℃；1月平均气温-24.5～0.1℃；

1月最低温-29.7℃；7月平均气温9.3～25.1℃；7月最高气温31.9℃；年平均

相对湿度45.1%～70.9%；年平均日照时数1817～3031小时；年平均降水量

81～937mm；土壤类型以棕壤、暗棕壤、黄棕壤、栗褐土等为主。根据以上生

态因子值范围，利用加权欧氏距离计算秦艽90%～100%的生态相似度区域分布，结果显示，秦艽生态相似度90%～100%的区域主要分布在内蒙古、新疆、西藏、四川、黑龙江、甘肃、青海、陕西、河北、辽宁等省（区）。秦艽生态相似度为95%～100%区域有内蒙古、新疆、西藏、四川等省（区）。根据分析结果，结合生物学特性，并考虑自然条件、社会经济条件、药材产地栽培、加工技术，编者建议以内蒙古、新疆、西藏、四川、黑龙江、甘肃一带为引种栽培区域为宜。

张海龙利用秦艽分布位点记录及22个环境评价数据，运用Bioclim、Domain、GARP和Maxent四种生态位模型，预测秦艽在中国的潜在适宜分布区。预测结果表明，秦艽高适宜生境占我国陆地总面积的3.26%，适宜生境占10.53%，低适宜生境占14.96%，不适宜生境占71.25%。高适宜生境主要集中在黄土高原腹地的陕西、山西、宁夏、青海东部的亚高山和高山草甸、山地草场、山地林场以及亚高山和高山灌木丛中。

卢有媛等通过实地调查及网络共享平台数据，获取了313份秦艽分布信息，利用最大熵（Maxent）模型，综合55项环境因子，分析影响秦艽生态适宜性的主要环境因子，并通过GIS技术得到秦艽生态适宜区。研究结果显示，4月降水量、6月降水量、海拔、酸碱度、最冷月最低温及土壤类型为影响秦艽生长分布的主要环境因子；秦艽在我国的生态适宜区主要集中在甘肃南部、山西全省、陕西中部和青海东部。

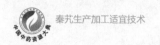

2. 麻花秦艽生态适宜性及适宜种植区域

卢有媛等通过实地调查及网络共享平台数据，获取了186份麻花秦艽分布信息，利用最大熵（Maxent）模型，综合55项环境因子，分析影响麻花秦艽生态适宜性的主要环境因子，并通过GIS技术得到麻花秦艽生态适宜区。研究结果显示，海拔、5月及6月降水量、等温性、2月均温为影响麻花秦艽生长分布的主要环境因子；麻花秦艽在我国的生态适宜区主要集中在甘肃西南部、青海东部、四川北部及西北部和西藏东部。

3. 粗茎秦艽生态适宜性及适宜种植区域

卢有媛等通过实地调查及网络共享平台数据，获取了131份粗茎秦艽分布信息，利用最大熵（Maxent）模型，综合55项环境因子，分析影响粗茎秦艽生态适宜性的主要环境因子，并通过GIS技术得到粗茎秦艽生态适宜区。研究结果显示，5月降水量、海拔、等温性、土壤类型、温度季节性变化标准差、坡度为影响粗茎秦艽生长分布的主要环境因子；粗茎秦艽在我国的生态适宜区主要集中在四川和云南北部，西藏东部、甘肃南部及青海东部也有分布。

4. 小秦艽生态适宜性及适宜种植区域

卢有媛等通过实地调查及网络共享平台数据，获取了343份小秦艽分布信息，利用最大熵（Maxent）模型，综合55项环境因子，分析影响小秦艽生态适宜性的主要环境因子，并通过GIS技术得到小秦艽生态适宜区。研究结果显示，

5月降水量、6月降水量、12月降水量、最冷月最低温及海拔为影响小秦艽生长分布的主要环境因子；小秦艽在我国的生态适宜区主要集中在甘肃西南及南部、青海东部、山西全省及陕西北部。

5. 秦艽药材生态适宜性及适宜种植区域

卢有媛等在研究中药秦艽四个种（秦艽 *Gentiana macrophylla* Pall.，麻花秦艽 *G. straminea* Maxim.，粗茎秦艽 *G. crasicaulis* Duthie ex Burk.，小秦艽 *G. daurica* Fisch.）生态适宜性区划之后，基于GIS技术研究中药秦艽生态适宜区。并基于采样信息，利用秦艽药材指标成分与环境因子的回归模型，结合中药秦艽生态适宜区预测结果及指标成分主成分分析结果，应用GIS空间分析功能对秦艽药材的品质进行空间分布估算。研究结果表明，秦艽药材的生长适宜区主要集中在甘肃中部及南部，宁夏南部，陕西、山西和四川全省，青海东部，西藏东部及云南北部。基于指标成分的主成分分析结果估算秦艽药材的综合品质认为，陕西南部、甘肃南部、四川中部及西藏东南部秦艽药材综合品质较高。

第**3**章

秦艽栽培技术

由于野生粗茎秦艽资源匮乏，目前秦艽药材主要来源于人工栽培、野生抚育、半野生抚育和少量的野生商品。其中，人工栽培药材占较大比重。调查显示，自1920年开始种植至今，20世纪80年代，云南省药材公司解决了粗茎秦艽种子催芽技术，种植技术得到较大提升；近年来，甘肃、四川、青海等地也开展了人工种植研究，取得了较好的研究成果，特别是秦艽和粗茎秦艽野生抚育及家栽驯化已经获得成功。随着野生资源的减少，人们对秦艽人工栽培的重视程度越来越高，种植面积逐步扩大。云南粗茎秦艽种植面积达5万亩以上，已成为粗茎秦艽野生及栽培药材最大的产地；甘肃秦艽种植面积达4万亩以上，成为全国秦艽野生及栽培药材最大的产地；秦艽主要在甘肃、青海人工栽培，粗茎秦艽主要在云南、四川、青海等地人工栽培。下面主要结合产区分布状况从秦艽、粗茎秦艽已有品种及栽培技术分别进行介绍。

一、秦艽种子繁育技术

秦艽主要依靠种子繁殖，种子质量的优劣决定着秦艽种苗及药材的质量及产量，通过良种繁育是实现秦艽药材优质高效生产的重要保障。秦艽繁殖系数高，建立采种田后可连续采收5～8年种子。近年来，科研工作者对秦艽、粗茎秦艽种子繁育技术进行了研究和总结，云南省质量技术监督局于2013年发布《粗茎秦艽种子种苗生产技术规程》（DB53/T 539-2013），甘肃省农业科学院中药材研究所先后选育出陇秦1号、2号两个秦艽新品种，为秦艽良种繁育及标准化生产奠定了基础（图3-1～3-8）。以下是秦艽、粗茎秦艽种子繁育过程的技术要点。

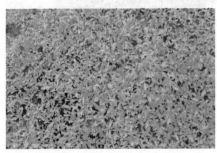

图3-1　陇秦1号苗期

图3-2　陇秦1号返青期（2年生）

图3-3　陇秦1号花部形态

图3-4　陇秦1号根部形态

图3-5　陇秦2号返青期（2年生）

图3-6　陇秦2号盛花期

图3-7　陇秦2号种子灌浆期　　　　　图3-8　陇秦2号根部形态

1. 品种选择

选择已育出的纯正的优良品种陇秦1号、陇秦2号进行繁种，或在2年以上的秦艽、粗茎秦艽生产田中选择植株形状，花冠形态、色泽基本一致的植株作为采种株留种。

2. 留种田选地

在已确定的气候温和的秦艽、粗茎秦艽生产基地，选择疏松肥沃、土地平整、排灌方便或有水源可喷灌的砂壤土质地块。选择轮作2～3年以上的小麦、蚕豆或马铃薯等作物种植地块作为留种田。

3. 留种田整地

对已确定的留种田，在春季或秋季进行深翻，拣去石块、树根和草根等杂物后用深松铲深松土壤，打破犁底层，耕深25～30cm，结合深翻先施足优质有机肥30～40t/hm²、过磷酸钙600kg/hm²、尿素300kg/hm²、硫酸钾75kg/hm²；用0.5%辛硫磷颗粒剂（或乳油）或5%毒锌颗粒剂进行土壤处理，施入量为

30kg/hm²；然后整平耙细后再作畦。畦宽120～150cm，长度依地形而定，一般10～20m；多雨的地方做成高畦或垄，少雨的地方可作成平畦（图3-9、图3-10）。

图3-9 深松土壤　　　　　　　　图3-10 旋耕整地

4. 移栽定植

选择优良健壮、无病害、无机械损伤种苗按行距30～40cm，株距20～30cm移栽，移栽时将移栽苗垂直摆放于提前开好的沟内，沟深10cm左右，应边栽边移，以免幼苗失水，降低成活率，然后覆土，用脚踩压实，使根充分与土壤接触。移栽定植后及时灌水，注意不可长时间积水（图3-11）。

图3-11 秦艽移栽定植

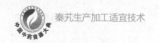

5. 田间管理

留种田应及时除草，不得使用除草剂。留种田每年返青后结合中耕除草追施尿素150kg/hm²；植株现蕾期用400g磷酸二氢钾对水30kg进行喷施，以提高结实率及种子饱满度；在开花期，选择植株形状、花冠形态、色泽一致长势旺盛的植株收种，严格剔除变异品种或有变异植株。开花前和花期，可以采取放蜜蜂，喷糖水等来吸引蜜蜂等昆虫来授粉，提高授粉率。以3年以上的植株进行采种，一块采种田可以连续采收5～8年种子。

6. 种子采收

待秦艽蒴果色泽变紫红欲裂，内藏种子色泽变红则表明秦艽种子成熟，种子随熟随收（图3-12）。从花梗处剪下果实，晾晒至干燥后脱粒。种子质量应达到秦艽种子分级标准的各项指标。

图3-12 秦艽采种田

7. 晾晒脱粒

种子脱粒后进行晾晒，晾晒时经常翻动，忌强日光曝晒，使秦艽种子含水

量达到13%以下，然后用风车除去杂质，清选后用棉布袋包装，种子袋内外均

应有种子标签，标明品种、采收地点、时间、重量、采收人等信息。

8. 种子贮藏

秦艽种子的萌发率比较低，贮藏于低温凉爽、干燥的环境，忌烟熏、火

烤、高温或潮湿的环境。秦艽种子在自然条件下的寿命约为1年，低温贮藏可

延长秦艽种子活力。当种子贮藏10个月后，种子的生活力和发芽率都会下降，

12个月以后，种子的生活力几乎全部丧失，因此，在常温贮藏条件下隔年种子

不宜作为播种材料。

二、秦艽育苗技术

（一）云南、青海产区粗茎秦艽育苗技术

1. 育苗地选择

育苗地最好选择在水源方便、土层深厚，有机质含量高，土壤疏松，保水

保肥性能好，地块平整或坡度较小的半阴或半阳地作为育苗地。

2. 选种和种子处理

（1）选种　秦艽种子选择母体生长2年以上的种子，将回收后的蒴果阴干

脱落种子，去除不饱满的种子和杂质，通风干燥处储藏。

（2）浸种　播种前1个月，将选好的种子在晴天下晒2～3小时，按每亩

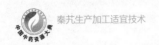

用种量1.5kg左右进行晾晒准备；晾晒后的种子用500mg/L的赤霉素溶液浸种24小时，然后捞出再用冷水冲洗2~3遍后进行催芽（图3-13）。

图3-13　秦艽播种前浸种处理

（3）催芽　将吸足水分的种子以1∶10（种子∶沙子）的比例拌匀，用石沙催芽方法进行催芽，每天翻动并补充水分1次，每2天取出在日光下摊开稍晾（为避免发霉），催芽时保持湿度在40%～50%为宜，即以手捏成团，手松即散，不滴水为度。秦艽种子催芽大约需要20天左右，等到40%露白时即可播种。

3. 整地

先将腐熟的农家肥与普钙肥按比例充分混合均匀（农家肥23t/hm^2、普钙肥750kg/hm^2），施于育苗地，进行深犁，并结合耕地施入辛硫磷颗粒剂15kg/hm^{2}防治地下害虫，再细碎土垡，使土肥充分混合均匀，然后做畦成育苗床，床宽1.0～1.2m为适，太宽不宜除草等苗期管理工作。苗床长度视田地而定，但也不宜过长，以防苗期管理不方便（图3-14～图3-16）。

图3-14　施入腐熟农家肥

图3-15　撒辛硫磷颗粒剂

图3-16　翻地使土肥混合均匀

4．播种

播种前苗床要浇水，这次浇水要浇透，使10cm以上深的土层达到水土饱和状态，再用敌克松兑水进行土壤消毒；再用木板把苗床压平、压紧、压实后进行播种，播种时将种子拌30倍的草木灰均匀撒入苗床上，然后覆盖0.5cm过筛细土，盖严种子，播种后的地块用长麦草覆盖，覆盖厚度1～2cm，立即喷灌或撒水，使麦草和地面湿润。为了提高地温，使种子尽早萌发，可以覆盖麦草后再覆盖一层棚膜，起到保温保墒的作用，促进种子萌发（图3-17～图3-20）。

图3-17　整理苗床

图3-18　整平苗床

图3-19 播种

图3-20 播种后覆盖麦草后覆盖塑料棚膜

5. 苗期管理

每5～7天喷洒一次水，使地面保持湿润。遇雨间隔时间延长，但要经常保持床面湿润，这样才能保证苗齐、苗健。待出苗后轻轻揭去覆盖麦草。苗期管理主要工作是除草，第一次除草时不宜用手直接拔草，以防拔草时带出种苗，要用剪子慢慢把草剪除，除草要细心；以后除草即可用小铲除草，但需注意且勿伤苗根。在管理中若底肥足，不需要再施肥。若种苗表现缺肥时，在幼苗达6片真叶时喷施磷酸二氢钾0.2%～0.3%溶液450～750kg/hm^2。

6. 越冬管理

11月中旬至12月上旬浇透冬水，待地面发黄后镇压，打土保墒。

7. 苗龄

根据育苗基地气候情况，种苗80%以上达到二级种苗标准即可起苗（图3-21～图3-23）；育苗年限一般1年或2年后起苗移栽。秦艽种苗等级划分标准如表3-1所示。

表3-1　秦艽种苗等级划分标准

等级	叶片数量	叶片长度（cm）	根长（cm）	根粗（mm）	有无病虫害
一级	8～10	10～14	>10	7～10	无
二级	6～8	8～10	8～10	4～7	无
三级	<6	<8	<8	<4	无

注：引自《秦艽种苗生产技术规程》（DB51/T 1766—2014）

图3-21　秦艽一级种苗　　图3-22　秦艽二级种苗　　图3-23　秦艽三级种苗

（二）甘肃产区秦艽温室育苗技术

秦艽育苗期生长缓慢，种子萌发困难，苗期管理要求较严格，受灾害天气的影响成苗率低、育苗周期长。近年来，甘肃产区通过温室育苗可以控制育苗期温湿度，加速种苗生长，获得优质种苗。秦艽温室育苗虽然基础设施投入较大，但育苗效率高、种苗整齐、育苗期温度和水分便于控制，已成为秦艽标准化、规模化育苗的重要方法。

1. 育苗设施

秦艽育苗所用温室对设备要求较较低，只要灌水便利、冬季温室内温度在3~5℃以上即可，普通日光温室或冬季有供暖设施的玻璃温室均可。

2. 播种前准备

（1）种子采收　秦艽花在叶腋处轮状丛生成轮伞花序，各部位种子成熟期不同，种子采收期于8月中旬至9月中旬进行，种子随熟随收。选择长势良好、无病虫害、具有优良特性的3年生（移栽后第二年）以上的健壮植株，大部分蒴果变黄时，其中的种子呈褐色或棕色，这时可以收获种子。用剪刀将果穗剪下，放在通风良好的半阴处，后熟7~8天，清除各种附着物后脱粒，并进行精选、去杂去劣。

（2）种子贮藏　秦艽种子采收后，经过充分干燥后种子含水量在12%~13%时，用纸袋或布袋贮藏，不可密封贮藏，一般应贮藏在低温、干燥、阴凉的条件下，相对湿度保持在30%~60%左右，过湿容易受潮；过干则会影响发芽力和寿命。贮藏期间避免烟熏、鼠害、虫害等。秦艽种子寿命短，常温贮藏1年以上的种子不能作种。

（3）种子处理　播种前将秦艽种子用赤霉素（500mg/L）或温水（20℃）浸泡24小时捞出，用清水冲洗后晾干可有效提高出苗率，出苗率可达90%以上。

（4）温室苗床整理　秦艽温室育苗苗期较长，苗床的营养必须能够满足

苗期生长的需要，一般苗床可用腐熟羊粪，每1m³再加过磷酸钙500g，磷酸二

铵500g，100g优质钾肥，150g 70%多菌灵粉剂或70%甲基托布津粉剂，然后捣

碎，混匀过筛，按3cm的厚度平铺在苗床上，与原苗床25cm表土通过深翻混合

均匀，耙细整平，然后做成宽度1.2～1.5m的小畦，并留好走道，便于浇水和

除草。由于秦艽种子很细小，苗床一定要精耕细作，做到"地平如镜，土细如

面"，才能保证出苗（图3-24、图3-25）。

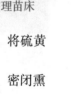

图3-24　秦艽日光温室育苗-整地　　　图3-25　秦艽日光温室育苗-整理苗床

（5）温室内消毒　在播种前3天采用硫黄熏蒸法进行温室内消毒。将硫黄

粉2.5g/m³和锯末10.0g/m³拌匀，分成几份，放在温室的不同位置点燃，密闭熏

蒸一昼夜，第2天早晨彻底通风。

3. 播种技术

（1）播种时间　秦艽的播种时间不受限制，日光温室可在9月下旬，种子

采收后即播种；联栋温室一般在供暖后，10月下旬至11月上旬播种。

（2）播种量　一般用种量为22.5～30kg/hm²。

（3）播种方法　一般采用撒播，也可条播。秦艽种子很细小，不易撒播

均匀，最好将种子用细土或细沙混合
后撒播，可以增加撒播的均匀度（图
3-26）。播种时将种子均匀地撒到畦面
上，种子播下后，用铁网筛将细碎的

图3-26 秦艽日光温室育苗-播种

湿土或草炭筛在种子上，覆土厚度0.5～1.0cm（图3-27）。然后稍加镇压，使

土壤和种子结合紧密。然后用无纺布或新鲜麦草覆盖，保持土壤湿润并可防止

浇水时将种子冲出，待秦艽幼苗长到0.5cm以上即可去除（图3-28）。

图3-27 期间日光温室育苗-播种后覆土　　图3-28 秦艽日光温室育苗-覆盖无纺布

4. 苗期管理

（1）浇水　秦艽播种后需立即浇水，出苗前一直保持土壤湿润。第一次洒

水利用微喷或洒壶浇一次透水，以后每天根据天气、墒情浇水，要做到勤浇，

轻浇；一般在清晨和傍晚，切忌中午高温天气浇水。等出苗后可以适量减少浇

水次数，但可以逐步增加浇水量。

（2）除草　秦艽播种至出苗大约需15～25天，在出苗前需要经常除草，保

持田间清洁，除草时要注意不能破坏地面平整，最好在杂草小的时候随时拔除，杂草长大后拔除时容易使即将出苗或正在出苗的秦艽苗受到损伤；出苗后由于秦艽苗很细小，容易被杂草遮盖，应该轻轻揭起无纺布，用手小心地拔除杂草，然后及时覆盖无纺布，保持畦面无杂草。

（3）间苗 由于秦艽种子非常细小，播种时不易播撒均匀，出苗后常挤在一起，对生长不利，因此到秦艽苗长到能用手抓住时，进行疏苗，将挤在一起的苗适当地拔掉一些，苗与苗之间保持1cm左右的距离。到苗长到3～4片叶时，进行间苗，使苗与苗之间的距离达到2～3cm为宜（图3-29、图3-30）。

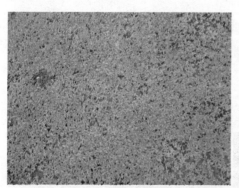 

图3-29 秦艽温室育苗苗期　　　　　图3-30 秦艽温室育苗间苗

（4）炼苗 温室育苗成苗率高，幼苗生长快，苗栽健壮，但室内温、湿度高，幼苗娇嫩，在起苗前一定要进行抗逆锻炼，在大田定植前半月进行低温炼苗，将上下通风口在夜间逐渐打开，至全部打开，降低湿度和温度，增强光照，使秦艽苗在同大田温度一致的条件下生长，促使幼苗叶片气孔结构完善，

叶片表面产生蜡质层，增强抗逆性能。

（5）苗期病害及防治 秦艽苗期常见的主要病害有猝倒病、立枯病、枯萎病等。其发病主要是苗床温度低、湿度大，床土结构不好，幼苗过密，透气不良，光照弱等原因导致。因此，育苗时播种密度不能过大，及时移苗，苗期床土不能积水，以防幼苗徒长；提高床土温度至20～25℃，以促进幼苗生长，增强抗病性能力。发现病株及时拔除，并用代森锌、百菌清、多菌灵等任一种农药与清洁的干细土拌和后，撒在拔除病株附近的床土表面。

5. 壮苗标准

苗龄达到200天，从外部形态看，根色为白色，主根达到6cm以上，芦头直径在0.3cm以上，4～8片真叶，叶片大而肥厚，颜色浓绿，根系无病虫害，无病斑，无伤痕（图3-31、图3-32）。

图3-31 秦艽温室育苗中期　　　　图3-32 秦艽温室育苗种苗

（三）甘肃产区秦艽小拱棚育苗技术

近年来，甘肃产区科技工作者针对秦艽育苗期保苗效果差的问题，总结出秦艽小拱棚育苗技术，通过搭盖小拱棚提升苗床温度，较温室育苗易于操作并且基础设施资金投入较少。下面将秦艽小拱棚育苗技术总结如下。

1. 选地整地

可选择土层深厚肥沃、质地疏松的砂质壤土育苗，前茬作物以玉米、小麦、马铃薯为宜。前茬作物收获后及时整地，深翻30cm以上，拣去石块和草根，整平耙细。

2. 苗床准备

播前每1hm^{2}撒施优质农家肥30吨，浅翻耕后做畦，畦面宽130cm、高5cm，畦间距40cm。然后在畦面上撒施磷酸二铵225～300kg/hm^2，用耙子轻轻耙平整畦面。因秦艽种子很小，一定要精耕细作，做到地平土细。

3. 种子处理

秦艽种子寿命较短，储藏1年以上的种子不能作为播种材料。播种前精选当年采集的种子，用500mg/L赤霉素溶液或20℃的温水浸泡24～30小时，捞出并用清水冲洗，晾1～2小时后播种。

4. 播种

11月上旬播种，一般采用撒播方式，每1hm^{2}用种量75～90kg。为播种均

匀，可将种子与适量细土混合后均匀撒于畦面，并覆1cm厚细土，然后用铁锹轻拍镇压，使种子与土壤结合紧密。

5. 搭建小拱棚

翌年2月中旬在播种畦上搭小拱棚。搭棚前先用麦草覆盖畦面，覆草厚2cm。将8号铁丝（也可采用竹竿或树枝）截成2m长拱杆，拱高约0.5m，拱杆间隔0.5m，用棚膜覆盖后压实两边。

6. 田间管理

（1）浇水　搭棚前用微喷或洒壶浇一次透水，搭棚后视天气及土壤墒情每隔7天左右浇一次水。出苗前保持土壤湿润，出苗后根据幼苗长势和棚内湿度适当浇水，2～4片心叶时浇一次水，以后视天气状况浇水2次以上。

（2）放风　苗出齐后（3月底或4月初）遇高温天气时，可于10:00时揭开拱棚两端放风，15:00～16:00时封口。5月上中旬气温过高时应揭掉棚膜，并分次揭掉麦草。

（3）间苗除草　当秦艽长到4片真叶时结合人工除草进行间苗，苗间距以3cm左右为宜，留苗密度为每1hm² 900万株左右。间苗时必须操作细致，以免伤苗。6月中下旬或7月上旬进行第二次除草，共除草2～3次。

（4）追肥　7月上旬，根据幼苗长势进行根外追肥。先用2g/kg磷酸二氢钾溶液叶面喷施1次，间隔10天左右，再用2g/kg尿素溶液叶面喷施1次。

（5）病虫害防治　6～7月秦艽易发生叶斑病，发病初期可用65%代森锰锌可湿性粉剂800倍液喷雾防治，每隔7天喷1次，共喷1～2次，同时要注意及时排涝或浇水。蛴螬成虫发生盛期，在无风的天气，先将长约60cm的杨树（或柳树）枝在2.5%溴氰菊酯乳油5000倍液中浸泡1小时左右，于下午3点以后分散插在田边诱杀蛴螬，也可用5%氯氰菊酯乳油5000倍液喷雾防治。

7. 壮苗标准

秦艽苗龄200天以上，4～8片真叶，叶片浓绿色，根白色，主根6cm以上，芦头直径0.3cm以上，根系无病虫害、无病斑。

（四）秦艽组织培养种苗生产技术

随着生物技术研究深入，秦艽组织培养体系也逐步建立起来。近年来，学者先后对秦艽、粗茎秦艽、麻花秦艽建立了组培快繁体系，利用组培体系可以快速选育优良品种，加速育种进程，同时也为大田生产供应优质种苗开辟了新的途径。

1. 无菌苗培养或无菌外植体培养

秦艽组织培养体系构建，可以通过种子培养无菌苗获得无菌外植体，也可以通过野生或大田生长的植株培养无菌外植体。

（1）无菌苗培养　用种子培养外植体时，先将秦艽种子分别用自来水、无菌水冲洗干净后，经500mg/L赤霉素浸泡10～12小时后用无菌水冲洗干净，经

0.1% HgCl₂水溶液灭菌10分钟，再用无菌水冲洗5次，用无菌滤纸吸去表面水，然后将无菌的秦艽种子接种到不加激素的MS培养基上进行无菌苗培养。秦艽种子的萌发对于温度比较敏感，浸种及种子萌发的温度为20℃。

（2）无菌外植体培养　也可以用野生或大田生长植株进行无菌外植体培养。选取野生或人工栽培秦艽根基上的芽，用洗衣粉溶液仔细刷洗，并用自来水冲洗干净，从根茎上切下大约0.5cm的芽，置75%乙醇中浸泡35秒，再于0.1%氯化汞中消毒8分钟，无菌水冲洗5～6次，然后接种于MS培养基中培养获得无菌苗，培养条件为MS培养基附加0.8%琼脂，pH5.8，蔗糖为30g/L；培养温度25℃±2℃；光照10～12h/d，光强800～1000lx。

2. 愈伤组织诱导

选子叶完全展开，高2cm以上的无菌苗，取下胚轴切成约4mm的小段作为外植体，接种到2mg/L 2,4-D+0.5mg/L 6-BA+MS培养基，1周后在下胚轴的切口处开始形成愈伤组织，诱导率达100%（图3-33）。

图3-33　秦艽组织培养-愈伤组织诱导

以无菌苗作为麻花秦艽组织培养外植体进行愈伤组织诱导，幼叶在Ms+1.5mg/L 2,4-D + 0.5mg/L NAA+0.5mg/L 6-BA 培养基上愈伤组织诱导率达91.2%，叶柄在MS+1.0mg/L 2,4-D+0.5mg/L NAA+0.5mg/L 6-BA 培养基上愈

伤组织诱导率达到87.4%；根在MS+2.0mg/L 2,4-D+0.5mg/L NA+0.2mg/L 6-BA

培养基上愈伤组织诱导率达45.8%。

以野外采集麻花秦艽根基芽为外植体时，麻花秦艽愈伤组织诱导时选用的

培养基为：1.0mg/L IAA+3mg/L BA+MS培养基。

3. 愈伤组织继代培养

秦艽愈伤组织的继代培养比较复杂，许多培养基都能够使其很好生长。

6-BA、NAA和3倍的MS有机母液均对愈伤组织的生长有促进作用。愈伤组织

在含有这些成分的培养基上生长并呈淡绿色、较硬，但是这种继代培养的愈

伤组织在后期的分化过程中很难得到分化。而在附加0.5mg/L 2,4-D+0.5mg/L

KT+500mg/L LH的MS培养基上，3周后愈伤组织长大，愈伤组织生长迅速、微

显绿色且比较致密，并且继代培养的愈伤组织也比较容易分化。麻花秦艽愈伤

组织增殖培养基时选用的培养基为：0.5～1.0mg/L BA+0.5mg/L NAA的MS培

养基。

4. 愈伤组织的分化培养

诱导出的愈伤组织进行了4～5次继代后便可以

进行分化培养（图3-34）。秦艽愈伤组织在分化时，

2,4-D的存在能够促进其分化，但2,4-D浓度过高，

则愈伤组织易变黑死亡。6-BA浓度高于0.5mg/L时，

图3-34　秦艽组织培养-
芽分化

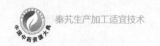

愈伤组织生长较快，呈绿色，但是却很难分化。愈伤组织分化培养时2,4-D和6-BA均保持较低的浓度。在附加0.1m g/L 2, 4-D+0.5mg/L 6-BA的MS培养基上，愈伤组织的分化率可达到86.67%。

麻花秦艽愈伤组织分化培养时选用的培养基为2.0mg/L BA+A 0.5mg/L NA的MS培养基。

5. 生根培养

经过分化培养获得的秦艽无根苗长到1～2cm高时，将其转入无激素的1/2MS培养基中培养，在1周后开始培养形成根，生根率100%，可获得健壮的试管苗（图3-35）。麻花秦艽生根培养时选用MS+0.15mg/L BA+1.0mg/L IAA+30g/L蔗糖的培养基进行培养，生根率可达80%，并可以获得生长健壮的试管苗。

图3-35 秦艽组织培养-生根培养

6. 试管苗移栽

秦艽试管苗在生根培养基中生长1个月后便可以进行移栽，试管苗移栽时温度不能低于16℃，也不宜过高，否则易引起试管苗徒长。在移栽前3～5天将瓶口打开，注入少量清水淹没培养基表面。移栽初期试管苗不能接受阳光的直射，最好是散射光或遮阴。移栽时将试管苗从瓶中取出，用清水将根表面的培

养基冲净，然后移入蛭石和花园土混合的基质中，于温室内培养，并给幼苗加

盖透明塑料以保持湿度，同时对刚移栽的小苗，要逐步增加光照，使小苗慢慢

适应。试管苗移栽后，必须及时浇水喷雾，每2～3天应浇水1次，相对湿度应

保持在80%左右。试管苗移栽2周后，便长出新叶，当户外温度稳定在20℃时

便可移栽入大田。

三、秦艽栽培技术

随着秦艽野生资源的减少，人工栽培秦艽越来越得到人们的重视。秦艽人

工栽培技术在不断探索过程中成熟，也有一些地方标准先后发布，如青海省质

量技术监督管理局先后发布了《秦艽生产操作规程（SOP）》《麻花秦艽仿生

栽培技术规程》（DB63/T 1017–2011）两项地方标准指导当地秦艽规范化生产；

甘肃省质量技术监督管理局发布《临夏州无公害农产品山杏与秦艽间作技术规

程》（DB62/T 2492–2014）、《秦艽温室育苗技术规程》（DB62/T 2568–2015）为

秦艽育苗及间作提供技术规范。目前秦艽药材人工栽培主要有育苗移栽和直播

栽培两种方式，但在移栽过程中各产区栽培模式又有所不同。

（一）甘肃产区秦艽传统栽培技术

1. 选地整地

选择土层深厚、肥沃，质地疏松，含有丰富腐殖质的砂壤土或壤土为好。

于春季或秋季进行深翻，耕深25～30cm，拣去石块、树根和草根等杂物，结合深翻先施足优质有机肥，施入量为37～45t/hm²，用0.5%辛硫磷颗粒剂（或乳油）进行土壤处理，然后整平耙细后再作畦。畦宽120～150cm，长度依地形而定，一般10～20m；多雨的地方做成高畦或垄，少雨的地方可作成平畦。

2. 起苗移栽

选用的种苗苗龄应在200天以上，根色为白色，主根达到6cm以上，芦头直径在0.3m以上，长有4～8片真叶，叶片大而肥厚，颜色浓绿，根系无病虫害，无病斑，无伤痕的壮苗。移栽前的大田应深耕细耙，整地时施过磷酸钙600kg/hm²、尿素300kg/hm²或碳铵375kg/hm²。按行距25～30cm，株距10～20cm移栽，深度约3cm，每亩种植2万株。将移栽苗垂直摆放于提前开好的沟内，应边栽边移，以免幼苗失水，降低成活率，然后覆土，用脚踩压实，使根充分与土壤接触。移栽定植后及时灌水，注意不可长时间积水（图3-36、图3-37）。

图3-36　秦艽传统栽培-开沟摆苗　　图3-37　秦艽传统栽培-移栽覆土

3. 除草施肥

移栽当年因幼苗细小，不能中耕，宜将地内杂草用手拔除，保持田间无杂草。以后每年春季出苗时，清除地内残叶杂物，进行第1次松土除草；第2次在6～7月进行。移栽苗恢复生长后，结合浇水追施磷酸二铵225kg/hm^2，此后每次结合松土除草时施尿素150kg/hm^2，现蕾时每亩施过磷酸钙375kg/hm^2。在生长旺盛期（7～8月）每亩喷施0.2%～0.3%磷酸二氢钾溶液450～750kg/hm^2，连续2～3次，每次间隔10～15天（图3-38～图3-40）。

图3-38　甘肃传统栽培秦艽-返青期　　　　图3-39　甘肃传统栽培秦艽-田间杂草

图3-40　甘肃传统栽培秦艽-生长中期

4. 摘蕾

秦艽主要采收地下根茎，开花会抑制地下部分生长，影响品质。因此除留种外，其余花蕾全部摘除，以促进根部生长。在植株现蕾期，分期分批摘除花茎和花蕾，用剪刀剪茎，勿伤叶片及根。

5. 培土

每年秋季结合中耕除草进行培土，同时也具有防寒防冻的作用。于秋末冬初，地上部分枯萎后，根部需要培土一次，培土厚度约为10cm左右，或者进入冬季地上部分完全枯黄后覆盖2～5cm后的腐殖土或细肥土，能提高产量和质量（图3-41）。

图3-41　秦艽生产田培土

6. 病虫害防治

秦艽主要病虫害有叶斑病、锈病、黄叶病、蚜虫、地老虎等。叶斑病一般多于6～7月发生，叶片出现黄色斑块，严重时植株枯萎死亡。病害发生时及时清除病叶并集中烧毁，发病初期用代森锰锌可湿性粉剂800倍液，每7天喷1次，喷2～3次；也可喷70%甲基托布津可湿性粉剂1000～1500倍液或75%百菌清可湿性粉剂1000～1500倍液，每隔10天喷1次，连喷3次。锈病用15%的粉锈宁可湿性粉剂500倍液在中心病株出现时喷雾防治。黄叶病发病时，部分叶片褪绿变黄，此时每公顷用复绿灵750g兑水225kg喷施，重复喷2～3次，间隔15天。播种前用0.5%辛硫磷颗粒剂37.5kg/hm²撒施于地表，立即耕翻，耙耱平整，可有效防治地下害虫。蚜虫可用10%吡虫啉可湿性粉剂2000倍液喷雾防治。病虫害防治药剂可与根外追肥、植物生长调节剂混合施用或同时施用。如喷药后6小时内遇雨，待天晴后复喷。

7. 留种采种

秦艽各部种子成熟期不同，一般采收期为8月中旬至9月中旬，选择长势良好、无病虫害、具有优良特性的3年生（移栽后第2年）以上的健壮植株，大部分蒴果变黄，种子呈褐色或棕色时，用剪刀将果穗剪下，放在通风良好的半阴处后熟7～8天，清除各种附着物后脱粒，并进行精选。种子含水量在12%～13%时，装入纸袋或布袋置于低温、干燥、阴凉处，不可密封，相对湿度保持30%～60%，贮藏期间避免烟熏、鼠害、虫害等。秦艽种子寿命短，贮藏1年以上的种子不能作种（图3-42）。

图3-42　秦艽种子灌浆成熟期

8. 采收与加工

秦艽生长缓慢，一般生长3年后于秋季10～11月，植株地上部分开始枯黄时采挖，起挖深度以深于根2cm为宜，注意勿铲伤或铲断秦艽根。

挖出后打碎土块抖净泥土，拣出药材，然后用清水洗干净，使根呈乳白色，再放在专用场地或架子上晾晒，晾至须根完全干燥，主根基本干燥、稍带柔韧性时，继续堆放3～7天，至颜色呈灰黄色或黄色时，再摊开将根晾至完全干燥即可。

（二）甘肃产区秦艽覆膜栽培新技术

1. 播前准备

（1）选地　选择坡度小于15°，土层深厚，疏松、肥沃的黑土，砂质壤土为佳。前茬以油菜、马铃薯及麦类作物最佳，切忌连作，也不宜在上年种植过其他根类药材的地块种植。

（2）整地　前茬作物收获后进行深翻整地，移栽前耕翻一次，耕深20～25cm，翻耕后立即耙糖，并结合翻耕用镢头、铁锹等工具将凹凸不平的地块整平，除去杂草、秸秆、石块。

（3）施肥　施用的肥料应以有机肥为主，化学肥料为辅，一次性施足基肥，一般施优质腐熟农家肥45 000kg/hm²以上，配施磷酸二铵375～450kg/hm²，尿素270～300kg/hm²，硫酸钾225～300kg/hm²。农家肥及化肥在播种前均匀撒于地表，随耕地翻入耕作层土壤中。

（4）土壤处理　病虫害严重的地块，结合深翻耕地，用40%辛硫磷乳油500ml/hm²和50%多菌灵粉剂2250g/hm²或40%的甲基托布津可湿性粉剂1500kg/hm²与150kg细沙土拌成毒土撒施。

2. 精选种苗

移栽前选择无病虫感染、无机械损伤、无分权、表皮光滑、大小均匀，直径2～5mm的优质种苗。清除烂苗、霉苗、伤病苗、分叉过多苗和过小苗。

3. 覆膜移栽

（1）起垄覆膜栽培　选用白色或黑色，幅宽在70～120cm 的农用地膜。在实际栽培过程中由于黑色地膜抑草效果明显，推荐使用黑色地膜。土地整理好后按照垄面宽60cm 或100cm，垄间距30cm，垄高10cm 左右的要求起垄覆膜。边起垄边覆膜，有利于保墒，要求垄面"平、直、实、光"，地膜铺膜要求"紧、展、严"。覆膜后，若隔天栽植，在地膜上每隔2～3m用土压一条土带，以防地膜被风揭起（图3-43、图3-44）。

图3-43　秦艽覆膜栽培-铺白膜

图3-44　秦艽覆膜栽培-铺黑膜

秦艽移栽可以春季移栽，也可以秋季移栽，根据当地气候及土壤条件选择适宜的移栽技术；春季移栽时间为4月下旬至5月中旬；秋季移栽在9月上旬至10月上旬；秦艽种植区一般秋季雨水较多，移栽缓苗快，建议秋季移栽。在垄面上按照行距25～30cm，株距27～30cm，60cm的垄面上移栽3行，100m的垄面上移栽4行；一般亩保苗8000穴以上，每穴栽1株，移栽时种苗根系展开，然后填土、压实（图3-45、图3-46）。

图3-45 秦艽覆膜栽培–覆白膜移栽　　图3-46 秦艽覆膜栽培–覆黑膜移栽

（2）膜侧栽培　在降雨量较少的产区，采用膜侧栽培方式，该技术充分利用膜面集水作用将降水集中到膜侧，增加土壤含水量，以利于秦艽生长。膜侧栽培选用幅宽为35～40cm的地膜。采用边挖穴斜栽、边起垄、边覆膜的方式，先挖1行长30cm，宽为15cm，深度为10～13cm、坑距为15cm的坑，将坑内的土翻出一部分，留下的做成45°的坡面，将秦艽苗栽植于坡面上，每穴栽1株，然后对应前面的坑，在距坑中线45～46cm处挖与前排同样大小的坑，将坑内翻出的一部分覆在前面坑内的种苗上，再翻出一部分土做高度为5cm、宽度为40cm的微拱型垄，然后按紧、展、严的标准覆膜。再将坑内留的土做成坡度约为45°的坡面，依次循环栽植种苗，这样每垄沟的坡面斜栽了1行秦艽苗，而秦艽的头部在沟内，根部在膜内（图3-47～图3-50）。

图3-47　秦艽膜侧栽培-开沟　　　　图3-48　秦艽膜侧栽培-摆苗

图3-49　秦艽膜侧栽培-铺膜　　　　图3-50　秦艽膜侧栽培-压膜

4. 田间管理

（1）查苗补苗　在秦艽栽植后到出苗，检查有无损伤苗、缺窝、枯萎和死苗等情况。若缺窝率达到10%时，应及时补苗，于阴雨天将预备在地边的苗带土移栽。发现根部腐烂苗，用镢头挖出枯死苗，将根、茎、叶全部收集到一起，在远离栽植田的地方烧掉并深埋于土中，每穴撒入草木灰100g。

（2）地膜管理　秦艽栽植后，在查苗补苗的同时，要管理好地膜，防止人畜践踏或被大风吹起。

（3）及时拔除膜下及垄沟内杂草　秦艽第一年移栽后需及时拔除杂草，5

月中下旬苗出齐后进行第一次拔除杂草，6月中下旬进行第二次，7月中下旬进

行第三次拔草。进行以上拔草的同时，对垄沟进行中耕除草。以后视田间杂草

生长情况随时拔除杂草。第二年返青后除草1次，待5月封垄后就会抑制杂草，

视情况拔除。

（4）适时追肥　根据田间生长情况进行追肥，一般在6月下旬至8月下旬用

磷酸二氢钾3000g/hm^2、尿素7500g/hm^{2}兑水750kg，进行叶面喷施，每隔10天喷

一次，连喷2～3次。移栽第三年返青后追施尿素150kg/ hm^2。

5. 摘蕾

秦艽覆膜移栽后当年就有部分植株开始抽薹现蕾，药材生产田应及时摘除

花蕾，以减少养分损耗，以促进根部生长。在植株现蕾期，分期分批摘除花茎

和花蕾，用剪刀剪茎，勿伤叶片及根。

6. 病虫害综合防治

覆膜栽培病虫害防治技术与传统栽培模式病虫害防治技术一致。

7. 适时采收

秦艽覆膜栽培，田间杂草较少，生长迅速，一般在移栽后2～3年秋季即可

采收。在收获前，先割去地上茎叶去除地膜，让太阳曝晒3～5天。采挖时挖起

全根，抖净泥土，运回加工。

四、粗茎秦艽栽培技术

野生粗茎秦艽主产于西藏东南部、云南、四川、贵州西北部、青海东南部和甘肃南部。20世纪80年代，粗茎秦艽在云南进行野生种变家种的驯化栽培取得了成功，20世纪90年代中期，人工栽培秦艽药材完全取代野生药材。粗茎秦艽的推广种植，在满足药材市场需求，促进高寒山区农民脱贫致富，保护生态环境及野生资源等方面作出了贡献。粗茎秦艽人工种植主要集中在云南、四川、青海产区，自2015年以来，随着产业扶贫工作的开展，高原山区产业结构的调整，栽培秦艽已成为高原山区脱贫摘帽的一条途径，现将粗茎秦艽栽培技术总结如下。

1. 栽培环境

粗茎秦艽人工栽培海拔选择2500～3200m 之间。种植海拔低于2500m病虫害发生严重；种植海拔高于3200m 收获年限延长，经济效益下降；年平均温度在8～12℃之间，年降水量1000mm以上，选择排水良好、土层深厚肥沃、富含腐殖质的砂质壤土或壤土的缓坡地种植；育苗可以选择坡度为5°的平缓地，大田移栽要选择坡度为8°～20°的坡地。平地栽培雨季积水易发生根腐病；土壤贫瘠、黏重，秦艽生长不良，产量低。

2. 翻耕整地

秋季雨水结束后翻耕，深35cm左右，将杂草埋入土堡中。来年3月再翻耕，捡出残根杂草，细碎土壤。结合耕翻施入农家肥30 t/hm^2、过磷酸钙600～750 kg/hm^2。土地整理好后做厢或起垄；要求育苗地做厢，厢宽1m，厢高15～20cm，厢间距35cm，厢高可根据当地的土壤墒情而定，厢面平整，无大的土粒，厢边稍高一点；大田移栽需要起垄，垄宽35cm，垄高30～35cm，垄间距30cm。

3. 育苗

（1）育苗时间　粗茎秦艽发芽适宜温度为18～22℃，育苗时间根据产区气温情况而定，一般5月中旬可以达到该温度范围，秦艽育苗除温度外，还要考虑水分因素，云南的气候特点是冬、春季节少雨干旱，稳定的降水时间是在6月初以后，因此，云南产区粗茎秦艽育苗时间应选择在6月中旬以后比较合理。

（2）种子选择和催芽　粗茎秦艽种子千粒重在0.28～0.38g。大田种植密度为15万～18万株/hm^{2}的商品秦艽植株种子，其千粒重均在0.3g以下；种植密度为7.5万～9万株/hm^{2}的采种田种植的秦艽，其千粒重均在0.35g以上，生产中使用的种子应来自于专门的采种田。播种前15天作种子催芽处理，温水浸种或用赤霉素浸种均为有效的种子预处理方法，即用20℃温水浸种24小时或500mg/L赤霉素浸种8小时，然后按种子与湿沙1：30的比例作层积处理，15天后选择雨后土壤湿度达到播种要求时播种。

（3）播种　播种量为15kg/hm^2（种子与湿沙的重量为450kg/hm^2），将种子均匀地撒播在厢面上，覆盖0.3cm的细土或配制好的育苗肥，然后盖5cm厚的松针

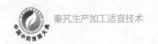
用于保湿。

（4）幼苗期田间管理　①水分管理：播种后已进入雨季，一般湿度能满足幼苗生长要求；特殊干旱年份，要检查土壤的干旱程度，表层土壤发白应补充水分。②除草、施肥：适时拔除杂草，除草要除早除小，不让杂草"吞噬"幼苗。8月后，可视土壤肥力情况，追施尿素和复合肥各75kg/hm^2。幼苗病害有叶斑病，其症状是叶片上发生黄褐色圆形斑块，并出现不规则的环圈，发病前可用代森锌和波尔多液预防。

4. 移栽

（1）移栽时间　移栽分春栽和秋栽，春栽在3月上旬至秦艽幼芽萌动前；秋栽在11月中旬至土壤封冻前。

（2）移栽方法　垄栽时每垄栽2行，株行距15cm×20cm，种植密度16.5万～18万株/hm^2。移栽后要把土压实，让根系跟土壤充分接触，避免吊苗；土壤墒情好，移栽后直接盖膜；土壤墒情差，移栽后浇透水再盖膜。

（3）盖膜　高寒山区气候凉爽，地温较低，野生状态下生长的秦艽要5年以上才能采挖。地膜覆盖栽培是秦艽获得高产的主要措施之一，选择黑色地膜，膜宽75cm，先栽苗，后盖膜，栽一垄盖一垄，封严盖实。

5. 田间管理

（1）破膜引苗　秦艽一般在4月初开始出苗，低海拔地区的先出苗。发现有幼叶顶膜，应及时破膜引苗，引苗后周围盖土封严，防止杂草滋生。

（2）水分管理　地膜覆盖栽培，水分一般可以满足秦艽的生长。如遇干旱，需进行人工浇水。雨季要注意排水。选缓坡地种植，一般不易积水；平地栽培易积水，导致秦艽根部病害发生严重。

（3）松土、除草　地膜覆盖栽培一般不需松土，杂草也比较少，只在秦艽苗的周围（薄膜破口处）和作业道内有杂草滋生。秦艽苗周围的杂草可人工拔除，作业道中的杂草可使用除草剂除草。

（4）追肥　整地时施足底肥是栽培秦艽获得高产的保障。在生长期要勤查看苗情，发现秦艽苗发黄、瘦弱时要及时追肥。可用尿素和复合肥各75kg/hm^{2}在两行秦艽的中间穴施。

6.　病虫害防治

（1）叶斑病

症状：叶片上产生长椭圆形至不规则形病斑，灰白色，病斑边缘褐色，较宽略隆起，大小不一，病斑背面灰褐色，略凹陷，病斑上分布不均匀群聚小霉点即病菌分生孢子梗和分生孢子。

发病规律：病原菌在种苗上越冬，翌年4月中旬开始发病，病害发生发展与雨水关系很大，一般在生长中、后期高温多湿季节发病严重。

防治方法：轮作和间作，发病初期喷施65%代森锰锌500倍液，或50%噁霉

灵600倍液，隔10～14天喷1次，连喷3次。

（2）锈病

症状： 病害主要危害秦艽叶片，夏孢子堆积在叶片正面。发病初期叶表皮上产生淡黄色小斑点，逐渐变为黄褐色，后期隆起呈小脓疱状，表皮易破裂，向外翻，斑点聚集成圆形或椭圆形；秦艽锈病以冬孢子越冬。冬孢子堆多生于叶正面，散生，黑褐色，突破表皮。

发病规律： 锈病多发生于8～10月，在雨水较多年份和低海拔种植区发生严重，严重时叶片变黄，植株枯萎。一般砂壤土发病率较高；田间管理粗放，感病植株残体在枯萎后若不及时清理消毒，则发病率高，危害严重。

防治方法： 发病初期用15%三唑酮可湿性粉剂1.5kg/hm^2，或12.5%烯唑醇可湿性粉剂225～337.5g/hm^{2}兑水675～900kg喷雾。

（3）根腐病

症状： 发病初期，根部或茎基部为暗褐色，地上部分叶色逐渐暗淡变黄，出现萎蔫症状，强光下更为明显。发病中后期，病部颜色逐渐变为深褐色至黑色，发软甚至腐烂。地上部分表现为生长减弱直至干枯，严重时成片死亡。

发病规律： 病菌在土壤中和病残体上越冬。少数烂根干枯后呈黑褐色。在烂根与健根交界处的断面上可见黄色侵染线。一般土壤板结、低温多湿、地势低洼、排水不良的情况下易发生此病。

防治方法：避免田间积水，发病初期用80%代森锰锌600倍液，或50%百菌清800倍液，每隔7～10天喷施1次，连喷3次。

叶斑病、锈病、根腐病均属于真菌性病害。防治真菌性病害主要是采取"预防为主，防治结合"的方针，在种植前对地块进行选择，对土壤、种子和种苗进行消毒，生育期进行化学防治，并及时清理病株，保持田园清洁等。

（4）虫害 秦艽虫害发生相对较轻，苗期主要有蚜虫、小地老虎等危害，大田期有蛴螬和蝼蛄危害。蚜虫多于春末夏初发生，用40%氧化乐果乳油1500倍液，或20%速灭杀丁300ml/hm²兑水750kg喷雾防治。发现秦艽大田有地下虫害时，播前用0.5%辛硫磷颗粒剂（或乳油）37.5kg/hm²喷施地表，立即耕翻，耙糖平整。秦艽生长期内也可用辛硫磷或敌百虫拌麦麸制成毒饵诱杀。

7. 收获、加工

地膜覆盖栽培秦艽2年生即可采收。11月后，先割去地上部分，除去地膜、晾晒2～3天后采挖。采挖时避免挖断挖伤，尽可能保持根部完整，除去基叶、须根，抖净泥沙，在室内"发汗"1～2天，使根内水分往外渗出，使之干燥均匀，以主根基本干燥、稍带柔韧性为度，然后再摊开晒至全干，边晒边理顺根系，芦头留0.5～1cm长，使根系直顺，捆成重量约1kg小把袋装贮藏。

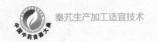
五、秦艽产区特色栽培技术

（一）秦艽直播技术

秦艽栽培分育苗移栽和直播两种，在生产中一般采用育苗移栽法。育苗移栽法出苗整齐，便于田间管理，育苗期节约用地，1亩育苗田可供应15亩生产用苗，移栽种植后商品根条均匀。有些地方也采用种子直播，直播法根条粗长，主根发达，侧根少，商品质量好，但由于秦艽种子细小，存在播种难度大，出苗不容易，成苗率难以保证，且占用土地时间长等缺点。

1. 施肥及土壤处理

播前施优质有机肥30～45t/hm^2，磷酸二铵225～300kg/hm^2，或尿素150～225kg/hm^{2}和过磷酸钙1.2～1.5t/hm^2；用0.5%辛硫磷颗粒剂（或乳油）进行土壤处理后立即耕翻，耙糖平整。起宽50～60cm左右的垄，利于排水，做到垄平土细。垄间30cm，垄高10～15cm。

2. 播种期

秦艽种子直播可以春播，也可以秋播。一般土壤湿度好的采用春播；在春季少雨土壤湿度不足的地区秋播较好。春播在3～5月，以土壤解冻，气温稳定通过0℃为宜。秋播一般在7～9月雨水较多时播种，秋播不晚于土壤封冻。

3. 种子处理及播种量

播种前用500mg/L赤霉素浸泡秦艽种子2小时，然后用清水冲洗2遍，待晾干表皮水分后播种。由于秦艽是深根系植物，不宜过稀，但也不能过密，否则影响通风透气及光合作用，容易发生病害，地下部分根条细小，质量差。播种分条播和撒播两种，条播出苗整齐，便于田间管理；撒播生产方式较粗放，出苗不匀，生产中不建议采用此方法。一般条播用种量9～12kg/hm²，撒播用种量12～15kg/hm²。

4. 播种

播种有点播、条播或撒播三种方式。①点播时每垄种植3行，梅花形点种穴播，行距15～20cm，株距20～25cm，深2～4cm，每穴点种子3～5粒。现垄面多加盖黑色地膜保湿，还有抑制杂草的作用，播种时在垄面盖好地膜后，按株行距打孔直接点播。②条播是在平整的垄面上，按照20cm，开1～2cm深，2cm宽的浅沟，然后将种子与干净的细河沙混匀（种子：河沙＝1：5），均匀地撒在沟内，然后用铁筛覆盖一薄层细土，略加镇压，上面覆盖麦草进行保墒遮阴以促进种子萌发，麦草厚度以1～2cm为宜。③撒播是将处理好的种子与细土或沙拌匀（种子：沙子＝1：5），均匀撒在畦面上，然后用筛子筛土覆盖，厚度0.5～1.0cm，要盖细、盖严、盖均匀，然后稍加镇压，再覆盖一层麦草。

5. 浇水

播种的地块立即喷灌或洒水，均匀湿润覆草和地面。以后根据自然降雨和

土壤墒情，每3～5天灌溉（或喷灌）一次，保持土壤和覆草湿润，直至出苗。齐苗后，选择阴天用铁叉将麦草挑虚，使种苗接受弱光照射，逐渐强壮。隔一周左右选择阴天或傍晚揭去一半麦草，然后再隔一周左右揭去剩余麦草。

6. 间苗及中耕锄草

对于直播生产田，当苗高5cm时及时间去弱苗和多余苗，每穴2～3株，幼苗长出4片真叶时，要进行定苗，每穴留1株。间出的苗补栽于缺苗处，要保证全苗，才能丰产。秦艽生长缓慢，杂草生长旺盛，要及时除草、第一年幼苗较小，中耕不宜用锄，有草只能用手及时拔除。因苗小、根浅，拔草时不能伤及幼苗根系，要保证苗床面及作业道清洁无杂草，禁止使用化学除草剂。边除草边间苗，并结合除草追施肥料；中耕除草每年进行2～3次，一般于5月下旬进行一次浅中耕，此时幼苗容易受伤，必须小心细致，切勿伤根，否则死苗，并结合施肥，6～7月中下旬进行第二次中耕除草，第三次在8～9月，要保持地里无杂草。

7. 施肥

结合浇水于6月中下旬追施磷酸二铵225～300kg/hm^2；生长旺盛期（7～8月）每亩喷施0.2%～0.3%磷酸二氢钾溶液450～750kg/hm^2，连续2～3次，每次间隔10～15天。

8. 病虫草鼠害防治

（1）病害防治

①叶斑病：发现中心病株时，立即全田喷施70%代森锰锌可湿性粉剂2.6～3.4kg/hm²，兑水300～500倍，或代森锌80%可湿性粉剂500～600倍溶液600～750kg/hm²，间隔10天重复一次。

②锈病：发现中心病株时，立即全田喷施粉锈宁25%可湿性粉剂450g/hm²，兑水450kg，间隔10天重复一次。

③黄叶病：发现部分叶片褪绿变黄，即用复绿灵750kg/hm²，兑水225kg喷施，重复喷2～3次，间隔15天。

（2）虫害防治

①地下虫害：播前用0.5%辛硫磷颗粒剂37.5kg/hm²，施于地表，立即耕翻，耙耱平整。

②蚜虫：发现蚜虫，喷施吡虫啉750ml/hm²，兑水750kg，间隔7～10天重复一次。

（3）注意事项 以上病虫害防治农药可与根外追肥、植物生长调节剂混合施用或同时施用。如喷药后6小时内遇雨，待天晴后复喷。

（4）草害防治 草害防治可以分为苗前防治、苗期防治。出苗前需要经常除草，保持田间整洁，除草时注意不能破坏地面平整，用手小心拔除杂草，保

85

持垄面无杂草。待种苗揭去覆草后在行间松土并锄草。生长期结合中耕（松土）锄草3～4次。锄草要干净并拣拾草根。若采用覆膜穴播方式可以减少草害，只拔出走道和穴孔中的杂草即可。在秦艽种植过程中不得使用化学除草剂。

（5）鼠害防治　发现达乌尔黄鼠或其他田鼠活动，用溴敌隆0.005%毒饵，每洞投放3～5g。投放毒饵时需戴一次性手套。发现死鼠后，收集深埋处理。

9. 越冬管理

11月中旬至12月中旬灌足灌透；地面发黄时镇压，填平地面裂缝；及时驱赶野鸡、野兔等防止刨食秦艽苗根。

10. 成药期田间管理

（1）浇水和追肥　返青后适时浇水，并追施磷酸二铵225～300kg/hm²。

（2）间苗定苗　秦艽种子非常细小，播种时不易撒播均匀，出苗后常挤在一起，不利于种苗生长，因此，幼苗长到能用手抓住时要及时间苗，第一次间苗，苗与苗之间保持1cm左右距离，当幼苗长到3～4片叶时进行第二次间苗，去弱留强，去小留大，按每2cm 1株交错留苗，使种苗之间的距离达到2～3cm；在种苗4～5cm高时按株距5cm间苗一次，缺苗地段移栽补苗。第一次浇水后，撒播或条播田按株距10～20cm定苗。密度2万～4万株/亩。

（3）根外追肥　生长旺盛期（7～8月）喷施0.2%～0.3%磷酸二氢钾溶液450～750kg/hm²，复绿灵750kg/hm²兑水225kg，可混合喷施，重复2～3次，间隔10～15天。

（4）摘花茎　第二年部分植株开始出现花茎，第三年全部植株开始出现花茎。在植株现蕾期，分期分批摘除花茎和花蕾。用剪刀剪茎，勿伤叶片及根。

（5）病虫草鼠害防治　病虫草鼠害防治及冬季管理措施同第一年。

11. 采收

生长到4～5年，地上部分植株枯黄后，采收药材。

（二）粗茎秦艽玉米间作技术

粗茎秦艽株高20～60cm，喜潮湿和冷凉气候，耐寒、忌强光，一般栽培2～3年采收。为了解决经济作物与粮食作物争地矛盾，合理搭配，充分利用空间和时间，加强光能利用，提高土地利用率，充分利用粗茎秦艽喜冷凉的特性。近年来，云南科研工作者在玉龙县海拔在2000～2500m山区、半山区推广种植秦艽间作玉米技术，获得成功并提高了复种指数，达到经济增收，粮食增产双重目的。现将秦艽间作玉米栽培技术介绍如下。

1. 粗茎秦艽育苗移栽间作玉米

（1）种子处理　将种子晒干扬净，用20℃的温水浸泡24小时，浸泡期间要不断搅拌、漂去上面浮的杂质和瘪粒，将沉在底下的饱满种子取出，用500mg/L赤霉素溶液浸种24小时，捞出阴至半干即可播种。

（2）育苗　选择避风向阳，土层深厚，土质肥沃疏松，便于管理的砂壤田，于3月上旬整地育苗。苗床要起成高床，利于排水，做到床平土细，用喷壶浇透水，然后将处理过的种子与细土拌匀，均匀撒在床面上，然后用筛子边筛边盖土，盖土厚度1.0～1.5cm，土要盖细盖严，然后搭小拱棚盖膜即可，育苗期要保持土壤的湿度和适当的荫蔽度。苗床管理与烤烟、蔬菜小拱棚育苗管理基本相同，重点要做好水分、温度、通风管理和病虫害防治。苗长到3～4片真叶时，要揭膜炼苗和除草、间苗。

（3）大田移栽 选择土层深厚肥沃，质地疏松、向阳的砂壤土，于秋季进行翻耕，耕地前撒施优质腐熟农家肥45t/hm²、磷肥750kg/hm²、复合肥150kg/hm²，然后深耕20～30cm。整平耙细做垄，按100cm起垄，间沟宽30cm。垄面宽70cm。秦艽每垄种3行，行距20cm，穴距20cm，按规格进行移栽，移栽后覆盖薄膜，苗成活后及时破膜，大田移栽于1～3月进行。

（4）间作玉米 4月中下旬至5月上旬，在秦艽2垄间间作玉米，采用塘种，塘基施磷肥 375kg/hm²，尿素225kg/hm²做底肥，按照塘距40cm，播种6000～9000塘/hm²，每塘点4粒种子，保苗3株。间作的玉米品种选用早熟、抗逆性强、稳产的品种，如振兴508、五谷1790、会单4号等品种。

（5）田间管理 每年追肥2～3次，一般在植株封垄后趁降雨或浇水时，在2株间打穴深3～5cm，施尿素75kg/hm²，复合肥150kg/hm²；开花期，在2株间打穴深3～5cm，施尿素150kg/hm²，复合肥150kg/hm²，或用磷酸二氢钾0.9kg/hm²

叶面喷施，分3次喷施，每次兑水750～900kg/hm²，每隔10天喷1次，加强田间除草，做到有杂草尽除。移栽后第2年粗茎秦艽返青抽薹后，用剪刀剪去花薹；结合除草在5月和8月各追施尿素75kg/hm²。

玉米长出5～6片真叶时开始间苗，每塘留3苗，第1次追肥尿素225kg/hm²结合除草进行；第2次结合中耕除草追拔节肥，施尿素225kg/hm²；第3次，在玉米大喇叭口期施尿素150kg/hm²。使玉米植株在不同生长发育期不缺肥，不早衰，从而提高玉米产量。

（6）病虫害防治

①粗茎秦艽病虫害：叶斑病，一般多在6～7月发生，危害叶片，严重时植株枯萎死亡，清除病叶并集中烧毁，发病期用80%代森锰锌可湿性粉剂800倍液，每7天喷1次，连喷2～3次。蚜虫春末夏初发生，危害根部，用20%速灭杀丁300kg/hm²兑水750kg/hm²喷雾，每隔15天用药1次，或用40%氧化乐果乳油1500倍液喷雾，连用2～3次。

②玉米病虫害：苗期用50%巴丹可湿性粉剂拌炒油枯（1：50）撒于玉米地中诱杀地老虎；大喇叭口期，用3.6%杀虫双颗粒15kg/hm²点心，防治玉米螟；玉米抽雄后用70%百菌清1000倍液预防大、小斑病，防治1～2次。

（7）适时采收加工　适时采收和正确的加工方法对秦艽质量与产量非常重要，移栽秦艽1.5～2年即可采收。收获及加工技术同粗茎秦艽传统生产方式。

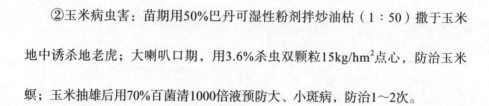

玉米一般在完熟期收获，待全田90%以上植株茎叶变黄、果穗苞叶枯白、籽粒变硬即可收获。

2. 粗茎秦艽直播间作玉米

（1）种子选择　粗茎秦艽直播间作玉米栽培模式中秦艽种子及玉米种子的选择与粗茎秦艽育苗移栽间作玉米模式中种子选择方法一致。

（2）播种　分条播和点播2种，条播种植速度快，用种量多，株行距不规则；点播种植速度慢，出苗整齐，便于田间管理。实际生产中一般采用点播种植。

（3）播种期　点播可在3月中旬至4月上旬春播，也可在7～8月雨水下地后点播，因地制宜，土壤湿度好的采用春播，土壤湿度不足的地方采用秋播。将整好的土地按宽100cm起垄，垄间沟宽30cm，垄面宽70cm，点播前在垄面盖好地膜，按穴距20cm，行距20cm，每垄种植3行，按株行距打孔，将催芽好的种子每穴点3～5粒，然后盖一层细土，用种量4.5～7.5kg/hm^2。玉米在4月中下旬至5月上旬，在粗茎秦艽2垄间间作玉米，采用塘种，方法与育苗移栽间作模式相同。

（4）苗期管理　秦艽从播种到种植发芽出苗需15～20天，当苗高5～10cm，及时除去弱苗和多余的苗，每穴留2～3株，并结合除草。幼苗长出4片真叶时要进行定苗，每穴留1株，间出的苗移栽到缺苗处，做到苗齐苗全。间苗后使用清粪水进行提苗。

（5）田间管理 大田管理与移栽大田管理相同。

（6）病虫害防治 病虫害防治与移栽大田方式一致。

（7）适时收获 直播粗茎秦艽一般在生长2～3年，秋季收获。收获方法与移栽大田收获方式相同。

（三）秦艽牧草间作技术

近年来，宁夏产区在结合畜牧草的发展过程中，为提高土地利用率，发挥牧草遮阴效果，总结出一套秦艽牧草间作技术，在生产中应用效果明显。关键技术如下。

1. 选地

选择土层深厚、土壤肥沃、富含有机质，半阳坡或阴坡的山旱地，或排灌方便的川水地为宜。土壤为砂壤土，海拔在 1500～3500m 之间。

2. 整地施肥

前茬作物收获后及时深耕，消灭残茬，接纳雨水，熟化土壤。结合深耕施农家肥45t/hm^2、氮磷钾复合肥375kg/hm^2。立秋前，最后一次打糖收墒。

3. 播种

（1）播种时间及播种量 一般以4月中下旬播种为宜。选用当年发芽率好的秦艽种子作为播种用种；牧草种子选择紫花苜蓿或红豆草发芽率较高的种子；秦艽种子亩播种量22.5kg/hm^2。

（2）播种方法　4月中下旬，在上一年整理好的地块上，先播种紫花苜蓿或红豆草牧草，播种量为紫花苜蓿15kg/hm²或红豆草60kg/hm²。出苗后1个月左右，再用人工直接撒播的方法，将秦艽种子撒于紫花苜蓿或红豆草的株行间。尽可能地利用紫花苜蓿或红豆草的遮阴作用，形成适合于秦艽生长的小环境，以利于提高秦艽出苗率。

4. 田间管理

（1）除草　播后当年不宜除草。在播后第2年5月，因植株幼小，只能采取手工拔除的办法，清除紫花苜蓿或红豆草中影响秦艽生长的其他有害杂草。苗高3～4cm时，结合除草进行间苗和补苗。具体除草方法是挖取生长过于稠密的秦艽种苗（按株距15cm、行距20cm进行间苗），栽植于生长比较稀疏的地方。采挖时要尽量保持种苗根系的完整。

（2）施肥　播后第2年，结合除草在5月和8月各追施尿素75kg/hm²，以弥补豆科作物自身固氮的不足。

（3）灌水　如在川水地种植，视土壤墒情，必要时应及时灌水，以促进秦艽种苗根系的正常生长。

（4）摘蕾　播后第3年，秦艽陆续进入开花结子和采挖期，如不需留种，要及时摘除花蕾，以免影响秦艽根部的生长。

（5）病害防治　为害秦艽的病害主要是叶斑病，多发生在6～7月，严重时使叶片枯萎脱落，影响植株生长。防治方法：一是清除田间病叶并集中烧毁；二是发病初期喷施70%代森锰锌可湿性粉剂800～1000倍液防治。

5. 采收

播后3～4年，秦艽即可采收。9月上旬（即白露前后），是种子采收的最佳时间。采收时，轻轻割去植株茎秆，之后混合脱粒、晾晒、贮藏。根部采挖在春季3～4月或秋季9～10月均可，但以秋季采挖为好。采挖时要按照挖大留小的原则进行，采挖后及时除去茎叶、须根及泥土，晒干即可。

6. 种子采收

播后第3年，秦艽进入开花结子和自繁自育阶段，在摘除花蕾时，要根据秦艽长势情况，留有一定比例的种株，种株需长势健壮、无病虫害、形态基本一致。通过风力自然传播和人工辅助传播的方式，来实现秦艽种质的自我繁育，从而确保秦艽资源的持续利用。

六、秦艽采收及产地加工技术

（一）采收及产地加工

1. 采收

秦艽为多年生宿根草本植物，根部是其主要药用部位。人工栽培秦艽根干质量第4年增长最快且有效成分质量分数趋于稳定，最佳采收期为播种后4年。

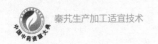

采收时间分为春季采收和秋季采收，一般在秋季采收。在9～11月地上部分开始枯黄时采挖。采挖前拣去地面残留地膜、杂物，割去地上茎叶，用锄头或钢叉全根挖起，起挖深度以深于根2cm为宜，注意勿铲伤或铲断秦艽根。挖出后打碎土块抖净泥土，拣出药材。在地块较平整、便于机械操作的地区可用根茎类挖药机采挖。

2. 运输

将挖出的药材按顺序装入竹筐或塑料袋，挂上标签（注明采挖地点、时间、品种、数量、采挖人）。然后运到初加工地点，从竹筐或塑料袋中卸出药材按序堆放，堆放高度不得超过1.2m，防止药堆过大造成发热、腐烂。

3. 干燥晾晒

采收后除去须根和泥土，用刀切或剪刀剪下茎叶，芦头留0.5cm。然后用高压水枪清洗，使根呈乳白色。将冲洗干净的秦艽放在专用场地或晾晒床上晾晒，待根变软时，继续堆放进行"发汗"，"发汗"过程以当时气温决定发汗时间的长短（一般为2～3天），至颜色呈灰黄色或黄色时，再摊开晒干，理顺根条，芦头约留1cm长。也可以清洗干净后不经"发汗"直接晒干，晾晒时在半遮光条件下散开晾至须根完全干燥，夜间需要用篷布或塑料棚膜盖在秦艽上面，防止霜冻。近年来，随着中药材烘干房的应用，许多主产区的种植户、合作社均建有太阳能烘干房或热风循环风干房，大大加快了秦艽药材的干燥速度，并且产量和品质均不错。在烘干过程中需要注意干燥温度不宜太高，温度最好不要超过50℃，若超过这一温度，干燥后的药材色泽和品质就会下降。秦艽药材干燥后应以主根基本干燥、稍带柔韧性为度。小秦艽采挖后先趁鲜搓去黑皮，然后在半遮光条件下散开晾至须根完全干燥即可。

4. 悬挂标签

初加工的药材应按批次加挂标签，注明品种、等级、数量、采挖时间地点、加工地点、加工单位及负责人。

（二）秦艽商品规格及等级

野生与栽培秦艽无论性状、质量都有较大差异，所以野生与栽培秦艽应该分别划分商品规格等级标准。杨燕梅等收集了主产地、道地产区野生和栽培秦艽药材79份，根据药材的基源、外观性状，利用 SPSS 聚类分析，分别划分野生和栽培秦艽商品规格及等级（表3-2）。

表3-2　野生与栽培秦艽药材商品规格等级划分

生境	商品规格	药材来源	商品等级	性　状
野生	萝卜艽	秦艽、粗茎秦艽	一等	干货。呈圆锥形或圆柱形，有纵向皱纹。主根明显，多有弯曲，根下有细小分枝。表面灰黄色或黄棕色。质坚而脆。断面皮部棕黄色，中心土黄色，当年样断面黄白色。气特殊，味苦涩。芦下直径11mm以上。无芦头、残基、杂质、虫蛀、霉变
			二等	芦下直径3～11mm。其他同野生萝卜艽一等

生境	商品规格	药材来源	商品等级	性　状
野生	麻花秦艽	麻花秦艽	一等	干货。常有数个小根聚集交错缠绕，多向右扭曲，个别左扭，下端几个小根逐渐合生。表面棕褐色或黄棕色，粗糙，有裂隙呈网状纹，体轻而疏松。断面常有腐朽的空心。气特殊，味苦涩。芦头直径10mm以上。无芦头、须根、杂质、虫蛀、霉变
			二等	多右扭，较小的没有扭曲。芦下直径3～10mm。其他同野生麻花秦艽一等
	小秦艽	小秦艽	一等	干货。呈细长圆锥形或圆柱形，常有数个小根纠合在一起，扭曲，有纵沟，下端小根逐渐合生。芦头下膨大不明显。表面黄褐色或黑褐色，体轻疏松，断面黄白色或黄棕色，气特殊，味苦，芦下直径8mm以上。无残基、屑渣、杂质、虫蛀、霉变
			二等	芦下直径3～8mm。其他同野生小秦艽一等
栽培	萝卜艽	秦艽、粗茎秦艽	一等	干货。呈圆锥形或圆柱形，有纵向或略向右扭的皱纹，主根粗大似鸡腿、萝卜，末端有多数分枝。表面灰黄色或黄棕色。质坚而脆。断面皮部棕黄色或棕红色，中心土黄色。气特殊，味苦涩。芦下直径18mm以上。无芦头、须根、杂质、虫蛀、霉变
			二等	芦下直径11～18mm。其他同栽培萝卜艽一等
			三等	芦下直径3～11mm。其他同栽培萝卜艽一等
	麻花秦艽	麻花秦艽	一等	干货。常由数个小根聚集交错缠绕呈辫状或麻花状，有显著的向右扭曲的皱纹，个别左扭。表面棕褐色或黄褐色、粗糙。有裂隙呈网纹状，体轻而疏松。断面常有腐朽的空心，气特殊，味苦涩。芦下直径18mm以上。无芦头、残基、杂质、虫蛀、霉变
			二等	芦下直径5～18mm。其他同栽培麻花秦艽一等
	小秦艽	小秦艽	一等	干货。呈细长圆锥形或圆柱形，芦头下多有球形膨大，黄白色小突起较多。表面黄色或黄白色。体轻质疏松。断面黄白色或黄棕色。气特殊，味苦涩。芦下直径8mm以上。无残基、屑渣、杂质、虫蛀、霉变
			二等	芦下直径3～8mm。其他同栽培小秦艽一等

（三）包装、贮藏与运输

1. 包装

用麻袋装或纸箱分级包装。所使用的麻袋清洁、干燥、无污染、无破损，符合药材包装质量的有关要求。每件货物要标明品名、规格、产地、批号、包装日期、生产单位，并附有质量合格标志。

2. 贮藏

仓库要通风、阴凉、避光、干燥，有条件时要安装空调与除湿设备，或在气调库存放，气温应保持在30℃以内，包装应密闭，要有防鼠、防虫措施，地面要整洁。存放的货架要与墙壁保持足够距离，保存中要有定期检查措施与记录，符合《中药经营企业质量管理规范》（GSP）要求。

3. 运输

进行批量运输时不能与其他有毒、有害物质，易串味药材混装运输，运载容器要有较好的通气性，保持干燥，并应有防潮措施。

第4章

秦艽药材
质量评价

一、本草考证与道地沿革

（一）秦艽本草考证

秦艽作为常用中药，在我国具有悠久的药用历史，历代本草皆有收载。秦艽作为中药应用最初载于《神农本草经》中列为中品，"秦艽以根作罗纹相交，长大黄白色者为佳"；《名医别录》"秦艽能疗风，无问久新，通身挛急"；南北朝《雷公炮炙论》中记载"左文列为秦，治湿病。右文列为艽，治脚气。今药肆多右文者，慎勿混合。"梁代陶弘景著的《本草经集注》中将秦艽记为"秦胶"；唐代萧炳组的《四声本草》中将秦艽记载为"秦瓜"；唐代苏敬等人编著的《新修本草》中将秦艽称为"秦胶或秦糺（jiū）""秦艽，俗做秦胶，本名秦糺，与纠同。"；《本草纲目》中记载"秦艽出秦中，以根作罗纹交纠者佳，故名秦艽、秦糺。"

对于古代秦艽植物的记载，唐慎微引《本草图经》言："秦艽根土黄色而相交纠，长一尺已来，粗细不等，枝杆高五六寸，叶婆娑连茎梗，俱青色，如莴苣叶，六月开花，紫色，似葛花，当月结子，每于春秋采根阴干"。根据书中描述并查看书中所附秦州秦艽及石州秦艽的图，发现书中植物根都较粗壮，基生叶呈莲座状，或腐烂后残留的叶脉纤维包于茎基周围，叶无柄，具平行脉，茎生叶对生，基部连合抱茎，叶片宽披针形，全缘。这些描述及图示特征

均比较符合龙胆科龙胆属植物秦艽。在书中描述秦艽花"似葛花"，由于秦艽花通常为蓝紫色，而豆科植物葛的花为红紫色，花型虽不同，但均具花冠筒，因此有秦艽花"似葛花"的比喻。历代本草所记载的中药秦艽原植物只有一种，即秦艽，又称为大叶秦艽。

《名医别录》曰："秦艽生飞鸟"。《本草纲目》引《唐本草》记载，"今出泾州、鄜州、岐州者良"。此后《本草品汇精要》明确记述"秦艽［道地］泾州、鄜州、岐州者良"。《本草纲目》又引（弘景）曰："今出甘松、龙洞、蚕陵，以根作罗纹相交长大黄白色者为佳"。李时珍曰"秦艽出秦中"。吴其浚曰："秦艽叶如莴苣，梗叶皆青，今山西五台山所产，形状正同"。《陕西通志》（物产篇）四十三记载，秦艽"出陇州和凤翔"。经考察这些古代地名，飞鸟山、甘松、蚕陵均在今四川省境内；泾州在今甘肃省靠近长武县的泾川县一带；其龙洞、岐州、陇州、鄜州、秦中等均在今陕西省。龙洞应是陕西南部的宁强县，与四川以秦岭相隔。岐州大约在今关中的岐山县及凤翔县一带。陇州即今陇县，鄜州即今陕北的富县。秦中可能指陕北的神木，也可能指陕西省。由此可见，陕西、甘肃、四川及山西等省都出产秦艽，但自古以来陕西省和甘肃省所产秦艽为佳品。早在20世纪30年代，国外学者对秦艽的植物来源作过考证，但结论不一。直至20世纪60年代中期，我国学者夏光成先生考证后认为秦艽应是龙胆科龙胆属秦艽组的植物。20世纪90年代出版的《中药志》记载，秦

艽主产陕西和甘肃两省。这些古今记述说明植物种性的稳定延续性和种群的生态适应性等特性，亦肯定了陕西和甘肃两省作为中药秦艽道地产区的历史地位。

（二）秦艽药用历史革沿

古代本草主要医著中对秦艽功效及药用历史记载如下。

秦艽的药用最早记载于公元2世纪《神农本草经》中记载："味苦、平、无毒。治寒热邪气，寒湿风痹，肢节痛，下水，利小便"；魏晋（约公元3世纪），梁南北朝（公元588年），刘宋、雷敩编著的《雷公炮炙论》中记载为："左文列为秦，治湿病。右文列为艽，治脚气。今药肆多右文者，慎勿混合。"萧炳编著的《四声本草》中记载："疗酒黄，黄疸。"；唐代甄权著的《药性论》中记载为"点服之，利大小便。差五种黄病，解酒毒，去头风。"金元时代《药性赋》中记载："味苦、辛、平，性微温，无毒。可升可降，阴中阳也。其用有二：除四肢风湿若懈，疗遍体黄疸如金。"张元素编著的《珍珠囊》中记载为："去手阳明经下牙痛，口疮毒，去本经风湿"；明初，徐彦纯在《本草发挥》中记载："洁古云：秦艽本功外，又治口噤，肠风泻血"；《主治秘诀》云："性平，味咸。养血荣筋。中风手足不遂者用之，去手阳明下牙痛，及除本经风湿"；明万历年，李中梓《药性解》："秦艽，味苦辛，无毒，性微温，无毒，入胃，大、小肠三经。主骨蒸肠风泻血，活筋血，利大小便，除风湿，疗黄疸，解酒毒，去头风"。明代倪朱谟在《本草汇言》中记载为："清热去湿，祛风利水，养血荣筋之药也。散风寒湿邪，疗五疸蒸热而发黄；通骨络脉，去痿痹挛急之疼痛。又止肠风藏毒、痔血白带、袭热骨蒸等证。统属阳明一经之病也。盖阳明有湿，则身体烦疼；阳明有热，则日晡潮热、蒸骨，阳明有风，则肠游痔血，寒热淋带。秦艽专入阳明故尽能去之。"

清代张璐所著《本经逢源》记载："秦艽阴中微阳，可升可降。入手足阳明，以其去湿气也，兼入肝胆，以其治风也。故手足不遂，黄疸酒毒，及妇人带疾需之。阳明有湿，则身体酸痛，肢节烦疼，及挛急不遂。有热则日晡潮热，用以祛风胜湿则愈。凡痛有寒热，或浮肿者，多挟客邪，用此以祛风利湿，方为合剂。"吴仪洛在《本草从新》中记载："苦燥湿，辛散风。去肠胃之热，疏肝胆之气。活血荣筋，治风寒湿痹、通身挛急、潮热骨蒸、疸黄酒毒、肠风泻血、口噤牙痛，湿胜风淫之证。利大小便。"黄宫绣在《本草求真》中记载："秦艽，苦多于辛。性平微温，凡人感冒风寒与湿，则身体酸痛，肢节烦疼，拘挛不遂。如风胜则为行痹，寒胜则为痛痹，湿胜则为着痹。痹在于骨则体重，痹在于脉则血涩，痹在于筋则拘挛，痹在于肉则不仁，痹在于皮则肤寒。至于手足酸疼，寒热俱有，则为阳明之湿；潮热骨蒸，则为阳明之热。推而疸黄便涩，肠风泻血，口噤牙痛。亦何莫不由阳明湿热与风所成。用此苦多于辛，以燥阳明湿邪，辛兼以苦，以除肝胆风热，实为祛风除湿之剂。"苏廷

琬《药义明辨》中记载："盖此味以风木行湿土之化，使气血悉归调理。故络脉无不贯通，不使诸风药但以生升为其功"。陈念祖《本草经读》中记载："气味苦，平，无毒。主寒热邪气，寒湿风痹，肢节痛，下水，利小便。"张德裕在《本草正义》记载："秦艽，〈本经〉谓之苦平，而〈别录〉加以辛及微温，以其主治风寒湿痹，必有温通性质也，然其味本苦，其功用亦治风热，而能通利二便，已非温药本色。后人且以治胃热黄疸烦渴等症，其非温性，更是彰明较著"；姚澜在《本草分经》中描述为："燥湿散风，活血，去肠胃湿热，疏肝胆滞气。治一切湿胜风淫之症。"；邹澍在《本草疏证》中记载："秦艽主寒热邪气寒湿风痹且将胥六淫而尽治之，所不及兼者，惟燥耳，其所造就抑何广耶！夫是条之读，当作主于寒热邪气中下水利小便，又主于寒湿风痹肢节痛中下水利小便，盖惟寒热邪气证可以下水利小便愈者无机，寒湿风痹肢节痛证可以下水利小便愈者变亦无几"；张秉成在《本草便读》中记载："养血祛风，营利水，疏肌解表，苦平、略带微辛，散热润肠，入肝又能达胃，湿胜风淫之证，赖以搜除筋痹骨痿诸邪，仗其宜利。"

由此可见，历代中医认为秦艽性平，味苦、辛。具有祛风湿、止痹痛、清虚热、利湿褪黄功效，用于风湿关节痛、结核病潮热等症。

二、药典标准

《中国药典》（2015年版一部）规定，中药材秦艽为龙胆科植物秦艽 *Gentiana macrophylla* Pall.、麻花秦艽 *Gentiana straminea* Maxim.、粗茎秦艽 *Gentiana crassicaulis* Duthie ex Burk. 或小秦艽 *Gentiana dahurica* Fisch.的干燥根。前三种按性状不同分别习称"秦艽"和"麻花艽"，后一种习称"小秦艽"。春、秋二季采挖，除去泥沙；秦艽和麻花艽晒软，堆置"发汗"至表面呈红黄色或灰黄色时，摊开晒干，或不经"发汗"直接晒干；小秦艽趁鲜时搓去黑皮，晒干。

【性状】　秦艽　呈类圆柱形，上粗下细，扭曲不直，长10～30cm，直径1～3cm。表面黄棕色或灰黄色，有纵向或扭曲的纵皱纹，顶端有残存茎基及纤维状叶鞘。质硬而脆，易折断，断面略显油性，皮部黄色或棕黄色，木部黄色。气特异，味苦、微涩。

麻花艽　呈类圆锥形，多由数个小根纠聚而膨大，直径可达7cm。表面棕褐色，粗糙，有裂隙呈网状孔纹。质松脆，易折断，断面多呈枯朽状。

小秦艽　呈类圆锥形或类圆柱形，长8～15cm，直径0.2～1.0cm。表面棕黄色。主根通常1个，残存的茎基有纤维状叶鞘，下部多分枝。断面黄白色。

【鉴别】　（1）取本品粉末0.5g，加甲醇10ml，超声处理15分钟，滤过，取滤液作为供试品溶液。另取龙胆苦苷对照品，加甲醇制成每1ml含1mg的溶

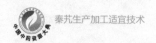
秦艽生产加工适宜技术

液，作为对照品溶液。按照薄层色谱法（通则0502）试验，吸取供试品溶液5µl、对照品溶液1µl，分别点于同一硅胶GF$_{254}$薄层板上，以乙酸乙酯–甲醇–水（10∶2∶1）为展开剂，展开，取出，晾干，置紫外光灯（254nm）下检视。供试品色谱中，在与对照品色谱相应的位置上，显相同颜色的斑点。

（2）取栎瘿酸对照品，加三氯甲烷制成每1ml含0.5mg的溶液，作为对照品溶液。按照薄层色谱法（通则0502）试验，吸取【鉴别】（1）项下的供试品溶液5µl和上述对照品溶液1µl，分别点于同一硅胶G薄层板上，以三氯甲烷–甲醇–甲酸（50∶1∶0.5）为展开剂，展开，取出，晾干，喷以10%硫酸乙醇溶液，在105℃加热至斑点显色清晰。供试品色谱中，在与对照品色谱相应的位置上，显相同颜色的斑点。

【检查】 水分　按照水分测定法第二法（通则0832）测定，水分不得过9.0%。

总灰分　按照灰分测定法（通则2302）测定，总灰分不得过8.0%。

酸不溶性灰分　按照灰分测定法（通则2302）测定，酸不溶性灰分不得过3.0%。

【浸出物】 按照浸出物测定法（通则2201）中醇溶性浸出物测定法项下的热浸法测定，用乙醇作溶剂，不得少于24.0%。

【含量测定】 按照高效液相色谱法（通则0512）测定。

106

色谱条件与系统适用性试验　以十八烷基硅烷键合硅胶为填充剂；以乙腈–0.1%醋酸溶液（9∶91）为流动相；检测波长为254nm。理论板数按龙胆苦苷峰计算应不低于3000。

对照溶液的制备　取龙胆苦苷对照品、马钱苷酸对照品适量，精密称定，加甲醇分别制成每1ml含龙胆苦苷0.5mg、马钱苷酸0.3mg的溶液，即得。

供试品溶液的制备　取本品粉末（过三号筛）约0.5g，精密称定，置具塞锥形瓶中，精密加入甲醇20ml，超声处理（功率500W，频率40kHz）30分钟，放冷，再称定重量，用甲醇补足减失的重量，摇匀，滤过，取续滤液，即得。

测定法　分别精密吸取两种对照品溶液与供试品溶液各5～10μl，注入液相色谱仪，测定，即得。

本品按干燥品计算，含龙胆苦苷（$C_{16}H_{20}O_9$）和马钱苷酸（$C_{16}H_{24}O_{10}$）的总量不得少于2.5%。

秦艽饮片

【炮制】　除去杂质，洗净，润透，切厚片，干燥。

本品呈类圆形的厚片。外表黄棕色、灰黄色或棕褐色，粗糙，有扭曲纵纹或网状孔纹。切面皮部黄色或棕黄色，木部黄色，有的中心呈枯朽状。气特异，味苦、微涩。

【浸出物】　同药材，不得少于20.0%。

【鉴别】【检查】【含量测定】 同药材。

【性味与归经】 辛、苦，平。归胃、肝、胆经。

【功能与主治】 祛风湿，清湿热，止痹痛，退虚热。用于风湿痹痛，中风半身不遂，筋脉拘挛，骨节酸痛，湿热黄疸，骨蒸潮热，小儿疳积发热。

【用法与用量】 3～10g。

【贮藏】 置通风干燥处。

三、质量评价

（一）秦艽混伪品鉴别

1. 外观性状鉴别

药材性状是药材质量的外观体现，段宝忠对123份秦艽主根长度、支根数、主根直径、残留茎数、干重等性状进行分析和评价，发现秦艽主要品质性状间呈极显著正相关，秦艽的性状在一定程度上可反映其质量的优劣。研究表明：秦艽栽培品的支根数、残留茎数、主根长度、主根直径、干重等性状数值均比野生品高；表面颜色较浅；断面皮部和木部颜色较浅；质地较野生品柔韧；味微苦。秦艽主要品质性状之间的相关性分析表明：秦艽干重与主根直径、残留茎数、支根数呈极正相关，与主根直径的相关值最大（$r=0.740$），与主根长呈正相关。说明根的直径越大干重也随之增加。支根数与主根长、主根直径、干

重呈极显著正相关，与残留茎数呈正相关。主根长与主根直径和支根数呈极显

著正相关，与干重的呈正相关，与残留茎数的相关性不显著。主根直径与其余

4个性状都呈极显著正相关。干重与主根直径的相关性最强，与支根数和残留

茎数的相关性也很强。对秦艽主要品质性状的方差分析表明，显著性差异排序

为：支根数＞干重＞主长度＞主根直径＞残留茎数。秦艽形态观察显示：秦艽

的栽培品相对于野生品粗大，根下部分枝较多，表面及断面颜色较浅。该研究

结果指出在秦艽的栽培管理中，要增加药材的干重，首先应考虑选育主根粗壮

的品种，其次应选择支根数较多的品种，把主根直径和主根长度作为丰产品种

选择的目标性状。

　　张雪荣、戴善光等分别对市场上较常见的几种秦艽的伪品与4种正品秦艽

进行了全方位的比较鉴别，结果发现从外形、表面颜色、根头形态、断面质地

和气味等方面，都可以很直观的鉴别出秦艽药材的真伪，各品种及伪品之间的

特征如表4-1、表4-2所示。

表4-1　四种正品秦艽的主要鉴别特征

秦艽类型	主要鉴别特征
秦艽	根呈圆锥形，上粗下细，长10～30cm，直径1～3cm。表面灰黄色或棕黄色，有纵向或扭曲的纵沟。根头部常膨大，多由数个根茎合着，残存的茎基上有短纤维状叶基维管束。质硬而脆，易折断，断面黄色或黄棕色，气味特殊，味苦而涩

秦艽类型	主要鉴别特征
麻花秦艽	根呈类圆柱形，长8～18cm，直径1～3.5cm。表面深褐色，具网状、麻花状、辫状纹理。主根下部多分枝或多数相互分离后连合呈网状、麻花状或辫状。质松脆，易折断，断面呈腐朽状，气弱，味苦涩
粗茎秦艽	根略呈圆柱形，长12～20cm，直径0.8～3cm。表面黄棕色或暗棕色，有纵向扭曲的纹理。根头部残留淡棕色叶柄残基或纤维状叶基维管束。质硬，断面黄棕色，气弱，味苦涩
小秦艽	根呈长纺锤形或长圆柱形，长8～20cm，直径0.2～1cm。表面黄棕色或棕褐色，除去表皮者黄色。主根一个或分成数根，顶端残存茎基及短纤维状叶鞘。质松脆，易折断，表面呈黄白色，气较弱，味苦涩

表4-2　三种秦艽伪品的主要鉴别特征

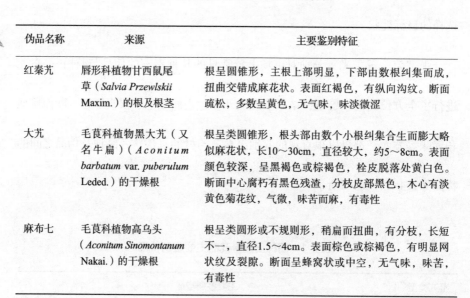

伪品名称	来源	主要鉴别特征
红秦艽	唇形科植物甘西鼠尾草（*Salvia Przewlskii* Maxim.）的根及根茎	根呈圆锥形，主根上部明显，下部由数根纠集而成，扭曲交错成麻花状。表面红褐色，有纵向沟纹。断面疏松，多数呈黄色，无气味，味淡微涩
大艽	毛茛科植物黑大艽（又名牛扁）（*Aconitum barbatum* var. *puberulum* Leded.）的干燥根	根呈类圆锥形，根头部由数个小根纠集合生而膨大略似麻花状，长10～30cm，直径较大，约5～8cm。表面颜色较深，呈黑褐色或棕褐色，栓皮脱落处黄白色。断面中心腐朽有黑色残渣，分枝皮部黑色，木心有淡黄色菊花纹，气微，味苦而麻，有毒性
麻布七	毛茛科植物高乌头（*Aconitum Sinomontanum* Nakai.）的干燥根	根呈类圆形或不规则形，稍扁而扭曲，有分枝，长短不一，直径1.5～4cm。表面棕色或棕褐色，有明显网状纹及裂隙。断面呈蜂窝状或中空，无气味，味苦，有毒性

　　吴迪等对5个主产省份的秦艽形态组织进行评价研究，通过性状比较，发现不同产地秦艽根的大小和直径以及分枝数存在明显的地域差异，可能由于植

物在生长过程中，不同生产环境及生长年限的差别影响所致。说明不同地区秦艽药材其内部构造有很大的差异，这为秦艽野生种群的保护，保证药材质量和寻找新的替代品提供新的思路。

高松通过显微与理化鉴别方法，发现秦艽的横切片有放射状的木质部，近内皮层处有众多层呈不规则增厚的厚壁组织，其薄壁细胞中含草酸钙针晶，而其伪品麻布七则没有，首次准确地鉴别秦艽与麻布七，提供了新的秦艽鉴别方法（图4-1～图4-4）。对比药材性状，可以鉴别秦艽药材的不同来源并判别药材真伪，但此类方法常以人的经验鉴别为主，对中药分析从业者有较高的要求，且单靠性状鉴别只能对药材质量进行初步分析判断，难以全面反映出药材质量优劣，需要借助其他手段才能准确的评价秦艽质量。

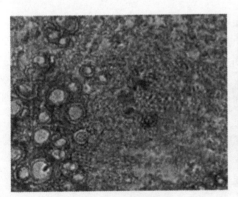

图4-1 秦艽药材横切片

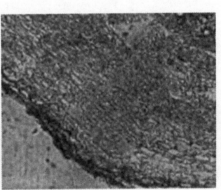

图4-2 麻布七药材横切片

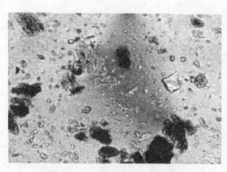 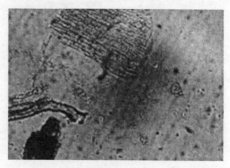

图4-3 秦艽药材粉末特征　　　　　　　图4-4　麻布七药材粉末特征

2. 色谱、光谱及模式识别鉴别

随着色谱、光谱等高科技分析方法引入到药用植物研究领域，一些更为先

进简便、可靠的秦艽质量评价方法被采用。陈叶青等以龙胆苦苷为对照品，在

薄层色谱实验过程中发现麻花艽和龙胆苦苷相对应的斑点位置处，供试品溶液

牛扁无斑点显示，由此可见秦艽和牛扁有比较明显的鉴别特征。韦欣等采用中

药紫外谱线组法，测试秦艽及红秦艽在不同极性溶剂中的紫外谱线组图谱，发

现《中国药典》收载的秦艽、麻花秦艽与伪品红秦艽的4种溶剂浸提液的紫外

谱线组各具特征性，有非常明显的鉴别指标，从而可以鉴别秦艽药材以控制质

量。安燕等利用高效液相色谱法建立了青海道地药材秦艽的指纹图谱，并采用

相似度分析、聚类分析等综合数据处理分析方法，鉴别出西藏产的一种样品系

非道地产品，相对于青海道地秦艽，是不合格产品，此法可以准确鉴别青海道

地秦艽的质量。高松等采用荧光法和化学定性法研究结果表明：秦艽断面在紫

外灯下显黄白色，麻布七显淡蓝色；麻花秦艽碘试液不显色，麻布七显蓝色；

麻花艽和麻布七两者提取液加碘化铋钾和浓氨水，麻花艽显棕绿色，麻布七显

黄白色。孔营等采用傅里叶变换红外光谱技术，结合化学模式识别方法，准确

成功地识别了麻花秦艽及其伪品黑大艽、甘肃丹参，同时为客观评价中药材的

真伪、产地归属、质量类别等提供了一种新的方法和手段，在中药材质量控制

领域具有广阔的应用前景。

　　借助色谱、光谱、模式识别方法，可以将秦艽药材外观所不能体现的细微

差异有效地发掘出来，并且能定量描述秦艽质量性状，将秦艽的质量研究提升

到了更高的层次。

3. DNA 分子鉴别研究

　　种与种之间的差异归根结底是遗传物质之间存在差异。DNA 分子在同种

或同品种内具有高度的遗传稳定性，且不受外界环境因素影响。近年来，随着

分子生物学在药用植物领域的应用，已经可以从DNA水平上对秦艽药材进行鉴

别。张得钧采用PCR扩增纯化后直接测序的方法，测定秦艽、麻花秦艽、粗茎

秦艽、小秦艽、黄管秦艽5种植物的核糖体DNA ITS、叶绿体 DNA psbA–trnH

核苷酸序列，并作序列同源性分析，建立了运用 nrDNA ITS 序列进行秦艽基原

植物的DNA分子鉴定方法。徐红对产于我国甘肃省的中药秦艽的3种基原植物

秦艽、麻花秦艽与小秦艽进行RAPD分析，能有效地将产于甘肃的秦艽的3个基

原种区分鉴别，并建立了具有鉴别意义的DNA指纹图谱，为中药正品秦艽的鉴

别提供了DNA水平上的依据。DNA条形码技术是通过使用一段标准DNA片段，对物种进行快速、准确的鉴定，是近年来发展最迅速的学科前沿之一。罗焜等选取共86个不同基原、常见混伪品及近缘种秦艽样品，对比植物 DNA 条形码热点候选序列 ITS，psbA-trnH，matK，rbcL和ITS2优劣，发现基于 ITS2序列能 100% 成功鉴定秦艽药材及其混伪品，同时基于其建立的鉴定流程成功将药店购买的秦艽药材样品鉴定到基原物种，该方法具有极高的准确性和稳定性。用 DNA 分子特征作为遗传标记进行中药鉴别更为准确可靠，为近缘种、易混淆品种秦艽的鉴定提供了更科学的方法。

综上所述，目前市场上的商品秦艽不仅质量参差不齐，品种间还存在相当的混杂度，道地产区与非道地产区之间药源种属混乱，无法充分保证秦艽的药效与质量。只有联合各种质量研究方法，尤其是建立中药指纹图谱来指导药材标准、规范化生产，才能全面保证并控制秦艽药材的质量。目前还应重视对秦艽饮片的质量控制，通过将各种炮制品与原药材进行指纹图谱比较，可以找出差异。针对不同产地属种以及炮制方式的秦艽药材之间的品质差异，以指纹图谱和有效成分的含量为指标，可以建立一个更加全面、合理、科学的质量标准体系，从而保证秦艽药材的优质、高效。

（二）秦艽质量评价

品种与产地环境多样性是造成中药市场秦艽差异的主要原因之一。中药质量的优劣直接关系到临床疗效的高低，2005年版《中国植物志》记载了可做药用的秦艽组（Sect. Cruciata Gaudin）植物有12种之多，如目前仍在作为秦艽进行入药的地方习用品种西藏秦艽、管花秦艽等。而《中国药典》2015年版规定仅有4种可作为正品秦艽入药。秦艽分布广泛，受产地、栽培条件、采收季节、加工方法等的影响，其质量也很不稳定，加之伪劣品混杂，所以秦艽商品药材质量参差不齐，极易造成入药混乱，将对患者造成极大的损失与伤害。

根据《中国药典》对龙胆苦苷和马钱苷酸总含量的规定，结合生态和品质区划结果可知，适宜秦艽药材生长且龙胆苦苷和马钱苷酸含量较高的分布区集中在陕西南部、甘肃南部、四川中部及西藏东南部。甘肃南部、陕西南部、四川中部、云南北部和西藏东南部产的秦艽中獐芽菜苦苷含量相对较高；甘肃、宁夏、陕西、山西、四川中部和西藏产的秦艽中$6'-O-\beta-D-$葡萄糖基龙胆苦苷含量相对较高；甘肃、宁夏、陕西中部、山西、青海东部及四川和西藏部分地区产的秦艽中獐芽菜苷含量相对较高；除四川南部、西藏和云南产区外，其他产区秦艽中异荭草苷和异牡荆苷的含量均相对较高。

对测得的秦艽药材的指标成分进行主成分分析，结果显示，4个主成分的贡献率达90.8%，第一主成分以龙胆苦苷和马钱苷酸、獐芽菜苦苷为代表，第二主成分以异牡荆苷为代表，第三主成分以獐芽菜苷为代表，第四主成分以獐

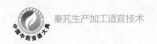

芽菜苷和异荭草苷为代表。

综合对指标成分进行主成分分析后，对秦艽药材的综合品质空间分布进行估算，结果显示陕西南部、甘肃南部、四川中部及西藏东南部秦艽药材综合品质较高。

杨燕梅等以萝卜艽、麻花秦艽、小秦艽的商品规格及等级为分类变量对所测7种内在指标成分进行分析统计。分别获得了栽培萝卜艽、麻花秦艽、小秦艽商品药材的质量等级标准，结果表明：栽培萝卜艽三等，质优，$HQI_C \geqslant 1.54$；龙胆苦苷不低于10.48%，獐牙菜苦苷不低于0.57%。栽培萝卜艽二等，质良，$HQI_C < 1.54$；龙胆苦苷不低于7.81%，獐牙菜苦苷不低于0.38%。栽培萝卜艽一等，质差，$HQI_C < -1.27$；龙胆苦苷低于7.81%，獐牙菜苦苷低于0.38%。质优栽培麻花艽，$HQI_C \geqslant 2.867$；龙胆苦苷不低于6.31%，獐牙菜苦苷不低于0.31%，马钱苷酸不低于1.68%。质良栽培麻花艽，$HQI_C < 2.867$；龙胆苦苷低于6.31%，獐牙菜苦苷低于0.31%，马钱苷酸低于1.68%。即栽培麻花艽一等质优、二等质良，但无显著性差异；质优栽培小秦艽，$HQI_C \geqslant 2.784$；龙胆苦苷不低于4.23%，獐牙菜苦苷不低于0.30%。质良栽培小秦艽，$HQI_C < 2.784$；龙胆苦苷低于4.23%，獐牙菜苦苷低于0.30%。即栽培小秦艽一等质良、二等质优，但无显著性差异。

　　野生麻花艽商品药材的质量等级标准为质优野生麻花艽，HQI$_C$≥1.071；龙胆苦苷不低于7.09%，獐牙菜苦苷不低于 0.35%。质良野生麻花艽，HQI$_C$＜-1.071；龙胆苦苷低于7.09%，獐牙菜苦苷低于0.35%，即野生麻花艽商品一等质优、二等质良，但无显著性差异。野生小秦艽商品药材的质量等级标准：质优野生小秦艽，HQI$_C$≥1.228；龙胆苦苷不低于3.06%，獐牙菜苦苷不低于0.15%。质良野生小秦艽，HQI$_C$＜1.228；龙胆苦苷低于3.06%，獐牙菜苦苷低于0.15%，即野生小秦秦艽商品一等质良、二等质优，但无显著性差异。野生与栽培秦艽商品规格及等级分别见图4-5、图4-6。

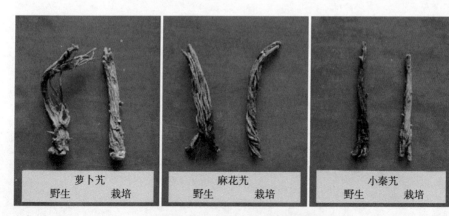

图4-5　野生与栽培秦艽商品规格

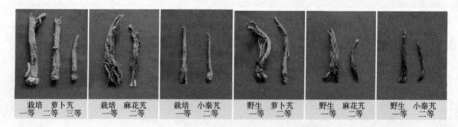

图4-6　野生与栽培秦艽商品等级

第5章

秦艽现代研究与应用

一、化学成分

（一）环烯醚萜苷类

根据环烯醚萜母核中环戊烷环的C7-C8键是否发生断裂又可以将环烯醚萜苷类进一步分为裂环环烯醚萜苷类和环烯醚萜苷类。

1. 裂环环烯醚萜苷类

日本学者Herrissey于1905年首次用灭菌法得到龙胆苦苷（1），并确定其化学结构，为秦艽中含量最高的化学成分，也是秦艽中主要活性成分及苦味成分。保肝制剂秦龙苦素粉末注射剂（龙胆苦苷单体）已经处于Ⅲ期临床阶段（批准号 2003L03260），同时，龙胆苦苷的提取、分离、纯化技术也在不断改善优化。吴靳荣等采用HPLC法测定了秦艽中獐牙菜苦苷（2）、獐牙菜苷（3）及6′-O-β-D-glucopyranosylgentiopicroside（4）的量，发现其在秦艽中的含量也较高。He等首次从粗茎秦艽中分得6′-O-β-D-xylopyranosylgentiopicroside（5）、gentiananoside A～D（6～9），并通过核磁共振氢谱确定其化学结构。He 等相继从秦艽中分离得到 olivieroside C（10）、scabran G3（11）、scabran G4（12）、（R）-gentiolacton（13）、6β-hydroxy-swertia japoside A（14）、swerimilegenin H（15）与 swerimilegeninI（16）。Lv 等从粗茎秦艽中分离得到秦艽苷 A、B（17、18）和4′-O-β-D-glucopyranosylgentiopicroside

（19），发现秦艽苷A抗炎活性较好（IC_{50}为0.05μmol/L）。Fan等首次从小秦艽中分离得到龙胆苦苷乙酰基取代物6′–acetylgentiopicroside（20）与3′–O–acetyl-gentiopicroside（21），并通过核磁共振氢谱确定其化学结构。Wei等采用 LC–UV–ESI–MS 法从麻花秦艽中分离鉴定出7（S）–n–butyl–morroniside（22）、7（R）–n–butyl–morroniside（23）、2′–O–（2，3–hydroxyl–benzoyl）– sweroside（24）、6′–O–（2–hydroxyl–3–O–β–D–glucopyranosyl–benzoyl）–sweroside（25）。Tan 等首次从秦艽中分离得到紫药苦苷（26）、三花苷（27）、rindoside（28）、大叶苷A（29）、大叶苷 B（30）。Jiang等首次从秦艽中分离得到（Z）–5–ethylidene–3，4，5，6–tetrahydro–cis–6，8–dimethoxy–1H，8H–pyrano［3，4–c］pyran–1–one（31）与 gentimacroside（32）。Xu 等采用反复柱色谱法从麻花秦艽中分离得到了3个新的环烯醚萜苷类成分，即secologanic acid（33）、gentias-traminoside A（34）和 gentiastraminoside B（35）。秦艽中裂环环烯醚萜苷类成分见表5–1。

表5–1　秦艽中裂环环烯醚萜苷类成分

序号	化合物名称	来源
1	龙胆苦苷（gentiopicroside）	a、b、c、d
2	獐牙菜苦苷（swertiamarin）	b、c、d
3	獐牙菜苷（sweroside）	a、b、c、d

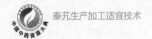

续　表

序号	化合物名称	来源
4	6' –O–β–D–glucopyranosylgentiopicroside	A、b、c、d
5	6' –O–β–D–xylopyranosylgentiopicroside	b
6	gentiananosides A	b
7	gentiananosides B	b
8	gentiananosides C	b
9	gentiananosides D	b
10	olivieroside C/3′ –O–β–D–glucopyranosylgentiopicroside	b、d
11	scabran G3	b、d
12	scabran G4	b
13	（R）–gentiolacton	b
14	6β–hydroxy–swertia japoside A	b
15	swerimilegenin H	b
16	swerimilegenin I	b
17	qinjiaoside A	a、b
18	qinjiaoside B	b
19	4' –O–β–D–glucopyranosylgentiopicroside	b
20	6' –O–acetylgentiopicroside	c、d
21	3' –O–acetylgentiopicroside	c
22	7（S）–n–butyl–morroniside	c
23	7（R）–n–butyl–morroniside	c
24	2' –O–（2，3–hydroxyl–benzoyl）–sweroside	c
25	6' – O–（2–hydroxyl–3–O–β–D–glucopyranosyl–benzoyl）–sweroside	c
26	紫药苦苷（swertiapunimarin）	a

续　表

序号	化合物名称	来源
27	三花苷（trifloroside）	a
28	rindoside	a
29	大叶苷 A（macrophylloside A）	a、c
30	大叶苷 B（macrophylloside B）	a
31	（Z）–5–ethylidene–3，4，5，6–tetrahydro–cis–6，8–dimethoxy–1H，8H–pyrano［3，4–c］pyran–1–one	a
32	gentimacroside	a
33	secologanic acid	c
34	gentiastraminoside A	c
35	gentiastraminoside B	c

a–*G. macrophylla*　b–*G. crassicaulis*　c–*G. straminea*　d–*G. dahurica*

2. 环烯醚萜苷类

Lu 等从粗茎秦艽中分离得到新的环烯醚萜苷类化合物秦艽苷 C（36），并运用核磁共振氢谱解析其结构，此外，还分离得到了马钱苷酸（37）及其葡萄糖基取代物 6′ –O–β–D–glucopyranosyl loganic acid（38）。Wang 等从小秦艽中分离得到环烯醚萜苷类化合物 loganin（39）、*epi*–kingiside（40）、kingiside（41），并发现其抗炎作用并不显著。Chen 等柱色谱法从秦艽中分离得到哈巴苷（42）。Pan 等从麻花秦艽中发现了 11–O–β–D–gluucopyranosyl loganoate（43）。Zeng 等从秦艽中分离得到山栀苷甲酯（44）。环烯醚萜苷类成分见表 5–2。

123

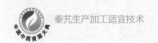

表5-2　秦艽中环烯醚萜苷类成分

序号	化学名称	来源
36	qinjiaoside C	b
37	马钱苷酸（loganic acid）	a、b、c、d
38	6'–O–β–D–glucopyranosyl loganic acid	b
39	loganin	c、d
40	*epi*–kingiside methyl ester	d
41	kingiside	d
42	harpagoside	c
43	11–O–β–D–gluucopyranosyl loganoate	c
44	山栀苷甲酯（shanzhiside）	a

a–*G. macrophylla*　b–*G. crassicaulis*　c–*G. straminea*　d–*G. dahurica*

（二）木脂素类

Lv 等从粗茎秦艽中分离得到木脂素berchemol–4'–O–β–D–glucoside（45）。

Wang 等从小秦艽中分离得到 liriodendrin（46）、7*S*，8*R*，8*R'*–（–）–lariciresi-nol–4–O–β–D–glucopyranosy–4'–O–（2–O–β–D–glucopyranosy）–β–D–glucopyra-noside（47）、syringaresinol–β–D–glucopyranoside（48）、laricresinol–4'–β–D–glu-copyranoside（49）、dehydrodiconiferylalcohol–4，γ'–di–O–β–D–glucopyranoside（50），发现它们的抗炎作用并不显著。木脂素类成分见表5-3。

表5-3　秦艽中木脂素类成分

序号	化学名称	来源
45	berchemol–4' –O–β–D–glucoside	b
46	liriodendrin	d
47	7S, 8R, 8R' – (–) –lariciresinol–4–O–β–D–glucopyranosy–4' –O–（2–O–β–D–glucopyranosy）–β–D–glucopyranosid	d
48	syringaresinol–β–D–glucopyranoside	d
49	laricresinol–4' –β–D–glucopyranoside	d
50	dehydrodiconiferyl alcohol 4, γ –di–O–β–D–glucopyranoside	d

a–*G. macrophylla* b–*G. crassicaulis* c–*G. straminea* d–*G. dahurica*

（三）黄酮类

Tan等首次从秦艽中分离得到黄酮类化合物苦参酮（51）与苦参新醇（52），Liang等采用微波提取辅助高速逆流色谱法从粗茎秦艽中分离得到异荭草苷（53）。秦艽中黄酮类成分见表5-4。

表5-4　秦艽中黄酮类成分

序号	化学名称	来源
51	苦参酮（kurarinone）	a
52	苦参新醇（kushenol I）	a
53	异荭草苷（isoorientin–4′ –O–glucoside）	a

a–*G. macrophylla* b–*G. crassicaulis* c–*G. straminea* d–*G. dahurica*

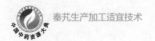

（四）三萜类

Fan等首次从小秦艽中分离出三萜类化合物1β，2α，3α，24-tetrahydroxyursa-12，20（30）-dien-28-oic acid（54）、1α，2α，3β，24-tetrahydroxyursa-12，20（30）-dien-28-oic acid（55）、1β，2α，3α，24-tetrahydroxyurs-12-en-28-oic acid（56）、1β，2α，3α，24-tetrahydroxyolean-12-en-28-oic acid（57）、2α，3β，24-trihydroxyurs-12-en-28-oic acid（58）、2α-hydroxyursolic acid（59）、maslinic acid（60）、3β，24-dihydroxyurs-12-en-28-oicacid（61）。Wang等从小秦艽中分离得到栎瘿酸（62）、2α，3α，24-trihydroxyolean-12-en-28-oic acid（63）、ajugasterone C（64）、20-hydroxyecdysone（65）、20-hydroxyecdysone-3-acetate（66）。Jiang 等首次从秦艽中分离得到熊果酸（67）。秦艽中三萜类成分见表5-5。

表5-5　秦艽中三萜类成分

序号	化学名称	来源
54	1β，2α，3α，24-tetrahydroxyursa-12，20（30）-dien-28-oic acid	d
55	1α，2α，3β，24-tetrahydroxyursa-12，20（30）-dien-28-oic acid	d
56	1β，2α，3α，24-tetrahydroxyurs-12-en-28-oic acid	d
57	1β，2α，3α，24-tetrahydroxyolean-12-en-28-oic acid	d

续表

序号	化学名称	来源
58	2α，3β，24–trihydroxyurs–12–en–28–oic acid	d
59	2α–hydroxyursolic acid	d
60	maslinic acid	d
61	3β，24–dihydroxyurs–12–en–28–oic acid	d
62	枥瘿酸（roburic acid）	a，d
63	2α，3α，24–trihydroxyolean–12–en–28–oic acid	d
64	ajugasterone C	d
65	20–hydroxyecdysone	d
66	20–hydroxyecdysone–3–acetate	d
67	熊果酸（ursolic acid）	a

a–*G. macrophylla* b–*G. crassicaulis* c–*G. straminea* d–*G. dahurica*

（五）其他类

Tan 等首次从秦艽中分离得到 2-甲氧基鳝藤酸（68）、大叶苷 C（69）、大叶苷 D（70）与 2-methoxyanofinicmethyl ester（71）。Wang 等从小秦艽中分离得到 1-*O*-*β*-*D*-glucopyranosyl-amplexi（72）与 coniferin（73）。Jiang 等首次从秦艽中分离得到红白金花内酯（74）。秦艽中其他类成分见表5–6。

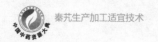

表5-6　秦艽中其他成分

序号	化学名称	来源
68	2-甲氧基鳝藤酸（2-methoxyanofinic acid）	a
69	大叶苷C（macrophylloside C）	a
70	大叶苷D（macrophylloside D）	a
71	2-methoxyanofinicmethyl ester	a
72	1-*O*-*β*-*D*-glucopyranosyl-amplexi	d
73	coniferin	d
74	红白金花内酯（enthrocentaurine）	a

a–*G. macrophylla* b–*G. crassicaulis* c–*G. straminea* d–*G. dahurica*

二、药理作用

（一）传统药理

传统中医认为：秦艽"寒热邪气，寒湿风痹，肢节痛，下水利小便""疗风无问久新，通身挛急""传尸骨蒸，治疳及时气""牛乳点服，利大小便疗酒黄、黄疸、界酒毒、去头风""除阳明风湿，及手足不隧，口噤牙痛口疮，肠风泻血，养血荣筋""泻热溢胆气""治胃热虚劳发热"。李时珍亦用其"治急劳繁热，身体酸痛"及"小儿骨蒸潮热，减食瘦弱"。秦艽在传统中医临床上一直用于以下几个方面。

1. 风湿痹痛，筋脉拘挛及手足不遂等

秦艽能祛风湿、舒筋络、流利关节，又为风药中之润剂，故各种风湿痹痛均可用。但性寒清热，以热痹更宜。若关节发热肿痛，常与忍冬藤、防己、黄柏等同用；若风寒湿痹，肢节疼痛发凉，遇寒即发，可与大麻、羌活、当归、川芎等配伍，如《医学心语》秦艽天麻汤。

2. 退骨蒸潮热

秦艽能退虚热、除骨蒸，常与知母、地骨皮、鳖甲等同用，如秦艽鳖甲汤。

3. 清湿热

秦艽能清利湿热退黄疸，常与茵陈蒿、栀子、猪苓等药配用。亦可单用，如《海上集验方》即单用治疗黄疸。

现在，以秦艽为主的大秦艽汤还用于中风、颜面神经麻痹、梗死、风湿热、感染性多发性神经炎等属于风热阻络、血不荣筋动症。

（二）近代药理研究

近代研究分析得出，秦艽主要有效成分有：龙胆碱、龙胆次碱、秦艽丙素及龙胆苦苷。其中龙胆碱即为秦艽碱甲。秦艽现代药理作用主要有以下几点。

1. 抗炎镇痛作用

李庆等研究表明，秦艽醇提液对二甲苯引起的小鼠耳郭肿胀、蛋清引起的小

鼠足趾肿胀和冰醋酸所致小鼠腹腔毛细管通透性增加有明显的抑制作用。陈长勋等研究发现，秦艽醇提液对二甲苯所致小鼠耳郭肿胀、角叉菜胶和酵母多糖A所致大鼠足趾肿胀、冰醋酸所致小鼠腹腔毛细血管通透性和牛蹄反应的增加有明显的抑制作用。秦艽抗炎作用的机制是通过兴奋肾上腺皮质激素分泌增加从而达到抗炎的作用。杨建宏等研究表明，秦艽提取物有明显的抗炎镇痛作用。

2. 保护肝脏作用

秦艽提取物龙胆苦苷（gentiopicroside，GPS）对化学性及免疫性肝损伤有明显保护作用。GPS可明显降低CCl_4、TAA（thioethanolamine）、D-Gal急性肝损伤，CCl_4慢性肝损伤及豚鼠同种免疫性肝损伤动物的血清转氨酶，能不同程度地减轻肝组织的片状坏死、肿胀及脂肪变性，且可促进肝脏的蛋白质合成。灌胃龙胆苦苷后能明显降低CCl_4急性肝损伤小鼠血清ALT、AST水平，并且能够增加肝组织中谷胱甘肽过氧化物酶活力，大鼠胆汁流量明显增加，胆汁中胆红素浓度提高。李艳秋等研究发现龙胆苦苷对多种肝损伤也有明显的改善作用，防止肝细胞出现明显的变性、坏死。徐丽华等研究指出，龙胆苦苷的保肝机制可能为：保护肝细胞膜，抑制在肝脏发生的特异性免疫反应，促进吞噬功能及在肝损伤状态下刺激肝药酶的活性，加强对异物的代谢和处理等。Kondo Y等研究表明，龙胆苦苷对化学性（CCl_4）和免疫性（BCG/LPS）诱导的肝损伤具有抑制作用，前者通过抑制CCl_4引起血清中转氨酶含量的升高，后者通过抑制血清中肿瘤坏死因子（TNF）的产生，而发挥抑制肝炎的作用。苏晓聆等研究表明，秦艽可增强CCl_4损伤肝组织中IL-10的表达，IL-10是介导秦艽保肝效应的重要细胞因子。此外，龙胆苦苷对肝癌患者有保护作用，对人体肝细胞瘤的Hep3细胞会产生细胞毒素作用。

3. 对免疫系统的作用

秦艽碱甲具有抗过敏性休克和抗组织胺作用。龙启才研究发现，秦艽醇提取物对小鼠脾脏细胞和胸腺细胞的增殖有明显的抑制作用。肖培根等指出秦艽碱具有抗过敏休克和抗组织胺作用。给兔腹腔注射秦艽碱甲90mg/kg，能明显减轻蛋清所致的过敏性休克症状，降低毛细血管通透性。同样剂量给豚鼠腹腔注射亦能明显地减轻组胺喷雾引起的哮喘及抽搐，且能对抗组胺等引起的离体豚鼠回肠平滑肌的收缩。有学者将秦艽等21种中药制成水煎剂，喂服实验小鼠30g/kg，口服7日，观察21种中药对正常小鼠免疫功能影响。研究结果表明，秦艽能明显降低小鼠的胸腺指数，且显示中药免疫药理作用可能是多方面的。

4. 抗肿瘤作用

有报道对秦艽总苷和长梗秦艽酮进行了多项抗肿瘤实验，结果显示两种物质均有较强的抗肿瘤活性。汪海英等采用MTT法检测秦艽总苷对人肝癌SMMC-7721细胞生长的影响，流式细胞仪分析细胞凋亡率，瑞-姬染色观察

细胞形态变化，结果显示125、250、500、1000μg/ml 秦艽总苷可不同程度抑

制 SMMC-7721细胞生长，且有浓度和时间依赖性，250、500、1000μg/ml秦

艽总苷可以诱导细胞凋亡，凋亡细胞发生形态学改变。汪海英等研究表明250、

500、1000μg/ml秦艽总苷可抑制淋巴癌细胞U937增殖（抑制率分别为19.7%、

30.9%、34.2%）和诱导细胞凋亡。Wu等体外实验发现2α-hydroxyursolic acid对

HL-60细胞具有抑制作用，其IC_{50}值为69.5μmol/L ± 3.1μmol/L。

5. 对糖的影响

秦艽碱甲具有升高血糖的作用。张勇等研究发现腹腔注射龙胆碱甲30分钟

后血糖升高，且升高作用和剂量呈正相关，同时，肝糖原明显下降。

6. 其他药理作用

秦艽水煎醇沉液具有降压及抑制心脏的作用。秦艽提取液有清除自由基能

力，具有抗氧化作用。秦艽具有抗甲型和乙型流感病毒感染的作用。此外，秦

艽有提高胃蛋白酶活性，增加胃蛋白酶排出量，调节中枢系统，降尿酸作用。

三、应用

秦艽生物活性成分丰富，其传统功效经现代药理学的科学评价正逐渐被证

实和挖掘。秦艽具有诸多药理活性，包括抗炎镇痛、保肝、免疫抑制、降血

压、抗病毒、抗肿瘤等，与其含有多种化学成分如裂环烯醚萜苷类、环烯醚萜

苷类萜类、木脂素类、黄酮类、三萜类等密切相关。近年来，秦艽的应用研究多集中在秦艽传统功效方面，主要有以下几个方面。

（一）秦艽在治疗风湿等疾病的应用

蒯彤将114例患有风湿性关节炎的患者随机分为治疗组80例、对照组34例，治疗组以加味大秦艽汤治疗，对照组用西药治疗，结果治疗组临床总有效率为96.25%，对照组为73.50%，且治疗组在降低红细胞沉降率及抗链球菌溶血素"O"方面疗效均优于对照组，说明加味大秦艽汤治疗风湿性关节炎（虚痹）的疗效显著。贾伟琳采用止痛如神汤（秦艽、桃仁、皂角子、苍术、防风、黄柏、当归、泽泻、槟榔、熟大黄）加减治疗急性痛风性关节炎，总有效率达95.24%，疗效显著。吴凤海以秦艽五藤饮治疗42例RA，疗效明显且毒副作用少。杨新玲等对RA患者采用独活寄生汤（独活、寄生、杜仲、川牛膝各15g，当归、白芍、川芎、茯苓、人参、熟地黄各10g，甘草6g）加秦艽、防风、老鹳草各10g治疗，效果明显。庞学丰以秦艽汤为基础方进行辨证加减治疗RA，结果患者血沉、C-反应蛋白、类风湿因子、免疫球蛋白都有不同程度的下降或恢复正常，关节疼痛、肿胀、压痛、晨僵等临床症状明显减轻或消失，且不良反应发生率也较低。

（二）秦艽在治疗骨关节病中的应用

贺志强等在临床治疗中采用自拟方（秦艽、川乌、草乌、郁金、羌活、川

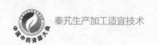

芎各10g，木瓜20g，全蝎2g，红花8g，透骨草、鸡血藤各30g）加减治疗肩周炎，将药物浸入60℃左右的粮食白酒1kg中，半月后服用，73例患者总有效率达90.41%，疗效优于汤剂，可与针灸疗法相媲美，且较针灸疗法简便。李福安应用秦艽和葛根辨证施治再配伍其他药物对颈椎病、腰腿痛、RA、急性痛风性关节炎治疗有效。

（三）秦艽在脑出血后遗症方面的应用

李安琼使用首乌秦艽汤治疗脑出血后遗症有确切疗效。张守林等采用大秦艽汤和针刺治疗脑血管出血性后遗症有很好的疗效。

（四）秦艽在肛肠疾病方面的应用

杨风利等使用防风秦艽汤对200例内痔出血患者进行治疗，结果显示在服用本方3～12剂后，180例患者便血消失，10例症状有所改善，6例无效。胡海华等用防风秦艽汤加乳香、没药、大黄、桃仁、皂刺、穿山甲水煎服，并用其药渣加水煮开坐浴再涂太宁膏，治疗3天后，对肛裂Ⅱ度患者有明显的减轻疼痛作用；采用防风秦艽汤加川芎、桃仁、乳香、没药水煎服，并用其药渣加水煮开坐浴对肛周脓肿（初期）患者有明显的作用。白淑梅等采用秦艽苍术汤口服加外洗治疗炎性外痔并肛裂患者24例，治疗3个疗程后总有效率达94.4%，痊愈和显效率为66.1%。黄向阳采用秦艽党参汤口服配合蒙脱石散剂温盐水灌肠治疗溃疡性结肠炎（UC）患者30例，总有效率为98%，症状改善较好，治疗期间无副作用，说明秦艽党参汤口服配合蒙脱石散剂灌肠是临床治疗UC较理想的手段之一。步瑞兰等采用秦艽椿皮汤治疗溃疡性结肠炎患者462例，总有效率95.7%。

（五）秦艽在面神经炎方面的应用

吴绍雄等采用自拟端容方［全蝎（酒洗）6g、白附子10g、僵蚕10g、防风6g、秦艽10g、白芷5g、赤芍10g］治疗面神经炎患者31例，治愈率和显效率均较高，治愈时间也较短。向永国等采用防风汤配合甲钴胺片治疗肢体麻木症患者50例，疗效肯定。

（六）秦艽皮肤病方面的应用

王微等采用复方秦艽丸（保定市第一中医院，院内制剂，组成：秦艽、苦参、乌蛇肉、防风、大黄、黄柏、白鲜皮）治疗湿热内蕴型慢性湿疹患者267例，临床疗效显著。李丰采用异功散合秦艽丸加减治疗异位性皮炎患儿14例，效果显著。

（七）秦艽在治疗妇科疾病方面的应用

李彩荣等运用秦艽鳖甲散加减治疗围绝经期综合征患者52例，疗效肯定。

（八）秦艽在应变性亚败血症治疗方面的应用

刘玉东采用秦艽鳖甲汤加味治疗应变性亚败血症，服用10剂后诸症消失，停药观察6月未复发。

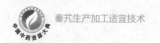

四、秦艽社会价值

秦艽具有悠久的药用历史，是常用大宗药材之一。随着秦艽药用价值的不断开发，市场的需求量不断增加，因而我们面临既要保护野生资源，又要满足市场供应，实现秦艽的可持续利用等问题。研究表明野生药材与人工栽培的药材品质和药理作用差异很小，因此人工栽培和野生抚育成为解决资源供求矛盾的最佳途径。秦艽产区大多是在海拔2500m以上的高寒地区，这些地区有大面积的撂荒地、轮歇地及高山草地，受到海拔、气温的制约，该区域只种马铃薯、荞麦、燕麦、青稞等低效益的粮食作物，但这种不利于粮食作物生产的光、温、水、热等自然条件，恰巧是秦艽生长的理想之地。近年来，随着秦艽人工栽培技术的日趋成熟，秦艽收益稳步上升，是种植传统粮食作物收益的5倍以上，其经济效益是目前种植药材品种中最好的药材品种之一。秦艽生产过程中的附属物如秦艽花、叶中也含有龙胆苦苷等成分均具有开发利用价值，但现在都没有开发利用。随着秦艽越来越多治疗效果的科学证据被发现，秦艽相关产品及产业化会具有更广阔的发展前景，有必要采取一些保护性补偿措施，促进秦艽人工种植的发展。发展秦艽种植、深入开展其规范化种植生产研究，直接提供优质的种质资源和药材商品，可以缓解对野生资源的压力，解决秦艽商品药材紧缺，满足市场需求和中医用药的需求。此外，发展秦艽种植可直接增加当地居民的经济收入和生活水平，具有一举多得的好处，以促进整个地方经济的发展，造福于全社会。

参考文献

［1］Deng Y，Wang L，Yang Y，et al. *In vitro* inhibition and induction of human liver cytochrome P450 enzymes by gentiopicroside：potent effect on CYP2A6［J］.*Drug Metab Pharm*,2013,28（4）：339–344.

［2］Lv J，Gu W L，Chen C X. Effect of gentiopicroside on experimental acute pancreatitis induced by retrograde in jection of sodium taurocholate into the biliopancreaticduct in rats［J］. *Fitoterapia*，2015，102：127–133.

［3］Pan Y，Zhao Y L，Zhang J，et al. Phytochemistry and pharmacological activities of the genus *Gentiana*（Gentianaceae）［J］. *Chem Biodiv*，2016，13（2）：107–150.

［4］Zhao L，Ye J，Wu G T，et al. Gentiopicroside prevents interleukin–1 beta induced inflammation response in rat articular chondrocyte［J］，*J Ethnopharmacol*，2015，172：100–107.

［5］蔡子平，漆燕玲，王宏霞，等. 秦艽温室育苗技术［J］. 甘肃农业科技，2012，（04）：54–55.

［6］曹建平，刘晓，郝建国，等. 大叶秦艽的组织培养与植株再生［J］. 西北植物学报，2005，（06）：1101–1106.

［7］曹晓燕. 秦艽种质资源研究［D］. 西安. 陕西师范大学，2010.

［8］陈千良，石张燕，孙文基，等. 不同栽培年限秦艽药材质量变异研究及适宜采收年限的确定［J］. 西北大学学报（自然科学版），2010，（02）：277–281.

［9］陈千良，石张燕，张雅惠，等. 小秦艽化学成分研究［J］. 中药材，2011，（08）：1214–1216.

［10］陈士林. 中国药材产地生态适宜性区划［M］. 北京：科学出版社，2011.

［11］陈垣，邱黛玉，郭凤霞，等. 麻花秦艽开发利用探讨［J］. 中药材，2007，（10）：1214–1216.

［12］戴善光. 秦艽与常见伪品的鉴别［J］. 广西中医学院学报，2005，（03）：97–98.

［13］杜占泉. 秦艽与牧草套作栽培技术［J］. 中国农技推广，2010，（03）：33.

［14］郭伟娜，熊文勇，魏朔南. 秦艽及其近缘种植物资源在我国的分布［J］. 中国野生植物资源，2009，（02）：21–23+28.

［15］黄得栋，杨燕梅，马晓辉，等. 野生和栽培秦艽商品规格及等级研究［J］. 中兽医医药杂志，2017，（01）：12–14.

［16］黄馨慧. 秦艽组织培养及形态发生研究［D］. 陕西师范大学，2004.

［17］晋玲，张西玲，郭玫，等. 不同产地秦艽栽培品的药材质量研究［J］. 中药材，2006，（05）：437–439.

［18］晋玲，张延红，高素芳. 秦艽愈伤组织缓慢生长保存及其生理指标研究［J］. 中国现代中药，2013，（02）：118-121.

［19］李兵兵，魏小红，徐严. 麻花秦艽种子休眠机理及其破除方法［J］. 生态学报，2013，（15）：4631-4638.

［20］李惠娟. 秦艽的开花生物学［J］. 中草药，1994，（10）：530.

［21］李建民，李福安，魏全嘉，等. 秦艽生产操作规程（SOP）（Ⅴ）［J］. 青海医学院学报，2007，（01）：56-59.

［22］李金花，曾锐，李文涛，等. 秦艽品质与气候因子相关性分析［J］. 世界中医药，2016，（05）：801-806.

［23］李永平，李福安，童丽，等. 栽培秦艽与野生秦艽的药效学比较研究［J］. 青海医学院学报，2006，（04）：254-258.

［24］刘丽莎，姜北岸. 秦艽与麻花秦艽种子的扫描电镜观察［J］. 甘肃中医学院学报，2007，（06）：34-36.

［25］柳耀斌. 六盘山道地中药材秦艽人工栽培技术［J］. 宁夏农林科技，2011，（07）：66+70.

［26］卢有媛，杨燕梅，马晓辉，等. 中药秦艽生态适宜性区划研究［J］. 中国中药杂志，2016，（17）：3176-3180.

［27］卢有媛，张小波，杨燕梅，等. 秦艽药材的品质区划研究［J］. 中国中药杂志，2016，（17）：3132-3138.

［28］罗林云，杨燕梅，晋玲. 青海与甘肃小秦艽7种指标成分含量的比较研究［J］. 中国医院药学杂志，2017，（08）：717-721.

［29］米永伟. 麻花秦艽有性繁育系统及种子适宜采收期研究［D］. 甘肃农业大学，2013.

［30］聂安政，林志健，王雨等. 秦艽化学成分及药理作用研究进展［J］. 中草药，2017，（03）：597-608.

［31］漆燕玲，赵玮，李玉萍，等. 甘肃省药用植物秦艽野生资源现状及开发利用［J］. 中国野生植物资源，2007，（05）：44-46.

［32］宋九华，孟杰，曾羽，等. 粗茎秦艽根茎品质与栽培土壤化学因子的相关性分析［J］. 植物资源与环境学报，2014，（04）：75-82.

［33］孙琪华，白权. 秦艽与其伪品黄秦艽的鉴别［J］. 川北医学院学报，1996，（04）：72-73.

［34］王海涛. 麻花艽（*Gentiana straminea*）和大叶秦艽（*Gentiana macrophylla*）细胞培养研究［D］. 青海大学，2014.

［35］王琬，梁宗锁，徐蕾，等. 不同年限秦艽产量及各部位活性成分质量分数的动态变化［J］. 西北农业学报，2014，（06）：167-171.

［36］王微，张磊. 复方秦艽丸治疗湿热内蕴型湿疹临床观察［J］. 中国中西医结合皮肤性病学杂

志，2005，4（2）：103-104.

[37] 王霞英，王旭鹏，马月琴，等. 宁夏栽培秦艽与野生秦艽有效成分的比较［J］. 中国实验方剂学杂志，2013，（09）：100-103.

[38] 王长生，董红娇，包雅婷，等. UPLC-Q-Exactive四级杆-静电场轨道阱高分辨质谱联用快速分析粗茎秦艽化学成分［J］. 中草药，2016，47（18）：3175-3180.

[39] 吴迪，晋玲，崔治家，等. 西部地区濒危药用植物秦艽的质量研究［J］. 时珍国医国药，2011，（05）：1212-1213.

[40] 武玉翠，曹晓燕，王喆之. 秦艽组6种植物种子的比较和扫描电镜观察［J］. 种子，2011，（02）：94-97.

[41] 武云霞. 麻花秦艽化学成分的研究［D］. 北京化工大学，2008.

[42] 熊晓毅. 秦艽基源植物探讨［J］. 科技展望，2015，（25）：63.

[43] 杨海婧，田丰，马永清，等. 小麦、蚕豆和油菜浸提液对秦艽种子萌发的影响［J］. 江苏农业科学，2017，（05）：145-148.

[44] 杨秀梅，王慧春. 秦艽及其混伪品鉴别［J］. 时珍国医国药，1999，（12）：917.

[45] 杨燕梅，林丽，卢有媛，等. 基于多指标成分分析野生与栽培秦艽药材商品规格等级［J］. 中国中药杂志，2016，（05）：786-792.

[46] 杨燕梅. 秦艽商品规格等级与其质量的相关性研究［D］. 甘肃中医药大学，2016.

[47] 余振喜. 萝卜秦艽化学成分及质量控制研究［D］. 北京中医药大学，2006.

[48] 云南名特药材种植技术丛书编委会，秦艽［M］. 昆明：云南科技出版社. 2013.

[49] 张海龙. 基于生态位模型的传统中药秦艽潜在地理分布研究［D］. 陕西师范大学，2014.

[50] 国家药典编委会. 中华人民共和国药典［M］. 一部. 北京：中国医药科技出版社，2015.